Paul Windisch

Beiträge zur Kenntniss der Tertiärflora von Island

Paul Windisch

Beiträge zur Kenntniss der Tertiärflora von Island

ISBN/EAN: 9783742867995

Hergestellt in Europa, USA, Kanada, Australien, Japan

Cover: Foto ©berggeist007 / pixelio.de

Manufactured and distributed by brebook publishing software
(www.brebook.com)

Paul Windisch

Beiträge zur Kenntniss der Tertiärflora von Island

BEITRÄGE

ZUR KENNTNISS DER

TERTIÄRFLORA VON ISLAND.

INAUGURAL - DISSERTATION

BEHUFS

ERLANGUNG DER PHILOSOPHISCHEN DOCTORWÜRDE

DER

HOHEN PHILOSOPHISCHEN FACULTÄT

DER

UNIVERSITÄT LEIPZIG

VORGELEGT

VON

PAUL WINDISCH

CAND. DES HÖHEREN SCHULAMTS
AUS BORNA.

HALLE A. S.

GEBAUER-SCHWETSCHKE'SCHE BUCHDRUCKEREI.

1886.

Im Sommer d. J. 1883 unternahmen die Herren Dr. C. W. S c h m i d t und Dr. K e i l h a c k in Berlin eine geologische Reise nach Island, wo der erstgenannte Reisende eine Anzahl tertiärer Pflanzenreste sammelte, welche in den Besitz der botanischen Sammlung in Leipzig gelangte. Trotzdem schon H e e r zwei derartige Sammlungen, die bedeutend reicher als diese letztere waren, einer genauen Untersuchung unterworfen und deren Resultate in der Flora fossilis arctica Bd. I. veröffentlicht hat, glaubte ich, zumal Herr Dr. C. W. S c h m i d t die Freundlichkeit hatte, mir noch einige versteinerte Hölzer und eine grössere Anzahl Braunkohlenhölzer zur Verfügung zu stellen, dass sich aus der Untersuchung dieser tertiären Blattabdrücke, welche Herr Geh. Rath Prof. Dr. S c h e n k mir bereitwilligst zur Untersuchung anvertraute, und aus der der übrigen angeführten fossilen Pflanzenreste etwas Erwähnenswerthes erwarten liess. Die Resultate, zu denen meine Untersuchungen geführt haben, sollen im Folgenden erörtert werden.

Ehe ich zur Besprechung der einzelnen Pflanzenreste mich wende, gebe ich eine Uebersicht des bereits früher bekannt gewordenen Materials.

Die erste Nachricht, die wir über pflanzliche Fossilien von Island erhalten haben, findet sich in dem Werke des Vice-Lavmands E g g e r t O l a f s e n, eines gebornen Isländers, „Reise durch Island, Kopenhagen 1774", welche derselbe

1*

4

mit dem Landphysicus Biarne Povelsen, ebenfalls einem
Isländer, in den Jahren 1752—1757 im Auftrage der Königlichen Societät der Wissenschaften zu Kopenhagen unternahm. Er erwähnt in diesem höchst interessanten Werke
über Island (I, pg. 218) rothes, schwarzes oder bräunliches
versteinertes Fichtenholz, nach seiner Meinung eine Spielart
von Tannenholz, von Sörbä in Dale Syssel in Westisland,
und sodann seltene weisse Petrefacten mit Stengeln von Kräu-
tern und Birkenblättern auf Reykholum und Reykenäs beim
Isefiord in Westisland. Bei Gelegenheit der Beschreibung
der isländischen Braunkohle, des „lignum, fossile succo
minerali insalitum condensatumque" (von ihm auch Sur-
turbrandur, Sutarbrandur oder isländisches Ibenholz genannt)
von Laek auf Bardestrand in Westisland bemerkt Olafsen,
dass unter dieser Braunkohle sich Lager von dünnen, grauge-
färbten Schiefern, angefüllt mit „von einem mineralischen
Safte" durchzogenen Waldblättern vorfinden, unter denen
sich auch einige Petrefacten befinden. Man kann, wie er
berichtet, deutlich Eichen-, Birken- und Weidenblätter unterscheiden. Ausserdem befinden sich in diesen Schiefern
noch einige, wie eine flache Hand grosse Blätter, die meistens den Eichenblättern ähnlich sind und die grobe Abdrücke in den Schiefern zurückgelassen haben. „Verschiedene dieser Lithophyllen mit ihren costis, nervulis und mit
ihrer ganzen vegetabilischen Zusammensetzung behalten noch
ihre ursprüngliche natürliche Gestalt deutlicher als ein
Maler sie zeichnen kann. Die ganzen Blätter lassen sich
sogar mit Behutsamkeit so dünne als Postpapier von einander absondern, dahingegen liegt oft eine Menge in einem
kleinen Stücke Schiefer zusammengepackt. Sie sind oben
weiss wie Asche, auf der untersten Seite schwarz." Olafsen
fügt hinzu, dass man gerade wie die Blätter unter einander
verschieden sind nach den sogenannten Fäserchen, nach
dem Mark und nach den Aesten des Holzes im Surturbrande
verschiedene Arten Holz, die in eine Lage gedrückt und
zusammengepackt worden sind, antreffen kann. Surturbrand
(nach der Schreibweise der neueren Reisenden) fand Olafsen
auch im Norden und Osten von Island. Ferner erwähnt
er noch schwarzes, eisenhaltiges versteinertes Holz in an-

sehnlichen Stücken auf Hellgestadskard im Mule Syssel in Ostisland.

Olaus Olavius (Oekonomische Reise durch Island 1787), der ebenfalls der Kohlen des Surturbrands Erwähnung thut, sie aber Surterbrand nennt, fand an zwei Orten versteinertes Holz, nämlich in Vatnsdal an dem Ufer der Vatnsdalaae ein Stück mit Knoten, welches nach seinem Dafürhalten von einer Tanne herrühren möchte, und auf Hellgestadeskard mehrere grosse und kleine Stücke mit kleinen Wurzeln, welche die Gewässer oder der Bergsturz zu Tage gefördert hatten.

G. Garlieb (Island rücksichtlich seiner Vulkane, Schwefelminen und Braunkohlen 1819) berichtet bei der Beschreibung der Braunkohlen Islands oder des Surturbrands, welche nach seiner Meinung von Populus tremula und zum geringen Theile von Populus takamahaka ihren Ursprung genommen hätten, dass sich in einem Berge bei Laek im Bardestrand-Syssel, einem Hauptlager der Braunkohlen Islands, zwischen der zweiten und dritten Lage Braunkohlen, von oben gerechnet, eine 4 Zoll dicke Schicht von grauem Schiefer eingelagert findet, in welchem eine grosse Menge von Lithophyllen zu beobachten sind. Man erkennt unter diesen noch sehr deutlich Blätter von Birken, Vogelbeerbäumen u. s. w.; auch findet man hier handgrosse Blätter, die von Eichen herzurühren scheinen. Auch er fügt hinzu, dass die Blätter noch ganz und gar erhalten und z. Th. etwas petrificirt sind. Man kann sie zum grössten Theile völlig vom Schiefer ablösen und deutlich ihr ganzes vegetabilisches Gewebe unterscheiden.

Gliemann (Geographische Beschreibung von Island, Altona 1824. 8. pag. 83) führt ausserdem noch Abdrücke von Vogelbeeren und ebenfalls von Blättern an, so gross wie eine Hand, die den Eichenblättern am nächsten kommen, vielleicht nach Goeppert (Jahresber. d. Schles. Gesellsch., Naturwissenschaftl.-med. Abtheilung, 1861, Heft II) zu Dombeyopsis gehören.

Weiter theilt Krug von Nidda (Geognostische Darstellung d. Insel Island in Karstens Archiv 7. Bd. 1834 p. 501) gestützt auf die Zeugnisse von Olafsen und

Povelsen, sowie von Henderson (Island; or the Journal
of a residence in that Island during the years 1814/15 by
Ebenezer Henderson) mit, dass im Bardestrandsyssel auf
der nordwestlichen Halbinsel mit den Surturbrandlagern
ein schwarzer Thonschiefer verbunden ist, in dem man
zahlreiche und wohlerhaltene Abdrücke von Blättern wahr-
nimmt, die denen von Pappeln, Weiden, Birken und Eichen
sehr ähnlich sind.

Es finden sich noch in verschiedenen Werken über
Island fossile Pflanzenreste angeführt; die Autoren derselben haben aber meistens aus den bis jetzt angeführten
Schriften geschöpft. Ebel (Geogr. Naturkunde, Königsberg 1850. 8. p. 54)
beschreibt von Island einen Blattabdruck, ähnlich dem
von Liriodendron tulipifera, welche Gattung dem Tertiär
angehörend auch von Prof. Dr. O. Heer auf Island beobachtet worden ist.

Während seines Aufenthaltes im August 1859 in
Kopenhagen wurden Herrn Goeppert (Jahresber. d.
Schles. Ges. Naturwiss.-med. Abth. 1861. Heft II. p. 201)
von Herrn Kjerulf zwei Pflanzenabdrücke von Hredavatn
in Westisland mitgetheilt, welche er als Alnus macrophylla
(nach Heer Betula macrophylla) und als die im Miocän
weit verbreitete Planera Ungeri bestimmte. Ausserdem
führt Goeppert (Verhandlungen d. Schles. Gesellsch. 1867
p. 50) Blattabdrücke von Platanus aceroides Goepp. von
Island vom 65° n. Br. an. Diese Blattabdrücke befinden
sich im Museum zu Christiania.

Eine grössere Anzahl von Pflanzenabdrücken sind zuerst von Prof. J. Steenstrup, welcher in den Jahren
1838 und 1839 im Auftrage der dänischen Regierung vor-
zugsweise mit Rücksicht auf das Vorkommen und die
mögliche Benutzung des Surturbrands die Insel Island auf's
Neue untersuchte, gesammelt und nach Kopenhagen gebracht worden. Hierauf unternahm im Sommer 1857
Herr Dr. Winkler in München im Auftrage des Königs
von Baiern eine geologische Reise nach Island und
brachte ebenfalls solche Petrefacten mit. Die reiche und
überaus interessante Sammlung des Prof. Steenstrup,

welche im öffentlichen Museum in Kopenhagen aufgestellt
ist, wurde dem ersten Kenner fossiler Pflanzen Herrn Prof.
Dr. O. Heer zur Untersuchung übergeben; ebenso hat dieser
Gelehrte die von Dr. Winkler gesammelten isländischen
fossilen Pflanzen einer sorgfältigen Untersuchung unterworfen und gefunden, dass in der Winkler'schen Sammlung
fünf Arten enthalten sind, welche der Kopenhagener Sammlung fehlen. Die Resultate, zu denen Heer gelangt ist,
hat er niedergelegt in seiner Flora tertiaria Helvetiae III.
pag. 316 ff.; ein speciellere Beschreibung der einzelnen
Abdrücke hat er in seiner Flora fossilis arctica I. Band
gegeben.

Da die Arbeiten Heer's über isländische fossile Pflanzenreste die einzigen eingehenden sind, welche bis jetzt erschienen sind, so ist es wohl nicht unzweckmässig, kurz
die Ergebnisse der Heer'schen Untersuchungen anzuführen.

Heer beschreibt von 6 Fundstätten Pflanzenreste. Es
sind folgende:

1) Brianslaekr (auf der Karte von O. N. Olsen und
auch von den neusten Reisenden so bezeichnet, von Heer
dagegen auch Brjamsloek und Brjamslaeck) im Nordwesten der Insel bei etwa 5^0 Länge westl. von Ferro
und $65^1/_2{}^0$ n. Br. Die Blätter liegen hier im Surturbrand;
einzelne Schichten sind kohlschwarz, andere braunschwarz
und dazwischen stellenweise äusserst dünne, weissliche
Lamellen, welche an die Insektenschicht des unteren
Oeninger Bruches erinnern und auch in ähnlicher Weise
sich abblättern lassen. Sie sind dicht voll Blätter. Die
Sammlung des Herrn Steenstrup enthält an dieser Stelle
14 Arten. Die Hauptpflanze ist hier Sequoia (Araucarites)
Sternbergi, von welcher Zweige und Zapfen gefunden wurden;
es finden sich aber ferner 4 Pinusarten: P. Steenstrupiana,
P. microsperma, P. aemula, P. brachyptera; sodann Betula
prisca, Alnus Kefersteinii, Ulmus diptera Steenstr., Acer
otopterix Goepp., Quercus Olafseni, Liriodendron Proaccinii,
Vitis islandica, Rhamnus Eridani, Juglans bilinica. Bei
diesen Pflanzen fand sich eine kleine Käferflügeldecke
(Carabites islandicus), welche zeigt, dass auch Inseckten
diesen Wald belebt haben.

2) Hredavatn im Nordrardalr, ebenfalls im Norwesten der Insel, bei etwa 4° westl. L. v. Ferro und circa 64° 50' nördl. Breite. Auch hier findet sich Surturbrand. Nach einer Mittheilung des Herrn Dr. Winkler stehen die Wacken (es ist gelblich-weisser Tuff) an in einem seichten Wassergraben auf einem Hochplateau, zu welchem man über mehrere Terrassen vom Nordrárdals bei Hredavatn her hinaufsteigt. Der Ort liegt circa 1200 Fuss über dem Meere und 800 Fuss über dem Grunde des Nordrarthals. Die Pflanzenreste liegen sämmtlich in dem weichen, gelblichweissen Tuff, sind z. Th. sehr schön erhalten und wie die von Brianslaekr durch Prof. Steenstrup gesammelt worden. Es sind 5 Pinusarten: P. thulensis Steenstr., P. microsperma, P. Steenstrupiana, P. Ingolfiana; Quercus Olafseni, Betula macrophylla, B. Forchhammeri, B. prisca. Herr Dr. Winkler sah hier besonders grosse und schöne plattgedrückte Baumstämme; ein Ast, den er Herrn Prof. Heer zusandte, gehört einer Birke an. Diese Birken scheinen da häufig gewesen zu sein, da auch Blätter, Früchte und Deckblätter gefunden wurden. Ferner Alnus Kefersteinii, Acer otopterix, Planera Ungeri von Goeppert beschrieben, Carex rediviva und Cyperites islandicus und C. nodulosus und mehrere Carpolithen. Nach dem weissgelben Tuff zu schliessen sind wahrscheinlich von derselben Stelle auch Platanus aceroides, Caulinites borealis und Dothidea borealis.

3) Langavasdalr. Die nähere Lage dieser Fundstelle hat Heer nicht ermitteln können. Die Pflanzen liegen in einem ähnlichen Tuff wie die von Hredavatn. Er ist aber z. Th. deutlich blättrig. Von hier erhielt Heer von Prof. Steenstrup die Ulmus diptera (Corylus grosse-dentata M'Quarri) und Pinus Steenstrupiana.

4) Gaulthame, auch Gaulthvamr, eine Ansiedelung (Hof) an der Nordküste des Steingrimsfiord, einige 100 Fuss über dem Meere, bei circa 65° 40' n. Br. Auch hier findet sich Surturbrand. Die Pflanzen liegen, wie Heer in der Flora tertiaria Helv. berichtet, in einem basaltischen Gestein und sind ziemlich wohl erhalten; in der Flora foss. arct. dagegen schreibt er, dass die Pflanzen in Knollen von thonigem Sphaerosiderit liegen, welche Tuff umgiebt. Diese Lo-

calität wurde von Herrn Dr. Winkler entdeckt. Hier: Sparganium valdense, Equisetum Winkleri, Rhytisma induratum, Acer otopterix, Salix macrophylla und Rhus Brunneri.

5) Schlucht bei Husawik, auch Husavik an der Südküste des Steingrimsfiord bei 65⁰ 40′ n. Br., 50 Schritt von der Küste und circa 30—40 Fuss über dem Meere, auch an der Nordküste der Insel. Die Blätter finden sich in hellleberbraunen, von einer dunklen Rinde umgebenen ovalen Sphärosideritknollen, von einem flachmuschligen Bruche, die neben einander in einer Zeile geordnet liegen. Sie enthalten Schlerotium Dryadum, Betula prisca, Alnus Kefersteinii und Dombeyopsis islandica.

6.) Sandafell (Sandberg), so heisst ein niederer Bergstock, eine Meile südlich vom Kirchort Abaer im Austadalr, welches Thal von Norden her tief ins innere Hochland einschneidet, 8 dänische Meilen von der Küste des Skagafiord entfernt und circa 1000 Fuss über dem Meere bei circa 65⁰ 20′ n. Br. Herr Winkler fand hier keinen Surturbrand, indess kommt solcher nach Olafsen im Skagafiord und in der Schlucht von Hofgil vor. Nach Winkler liegt der gelblich-weisse Tuff mit den Pflanzenresten kaum 100 Fuss über dem Spiegel des Gletscherflusses Eustrijokulsá (östl. Gletscherfluss) vom Fusse des Sandafell aufwärts. Von den Pflanzenresten war ein schönes Birkenblatt von Betula prisca und Pinusnadeln bestimmbar.

Ausser den genannten Orten ist noch nach den Berichten der erwähnten Reisenden an vielen Stellen der Insel, namentlich auf der nordwestlichen Halbinsel, Surturbrand nachgewiesen worden, der nach Dr. Winkler überall mit Tuffen und Trappgesteinen auftritt. Es zeigt sich aus der Heer'schen Zusammenstellung, dass die meisten Stellen, wo Pflanzenreste und Surturbrand vorkommen, im Westen der Insel liegen, der östlichste Punkt mit erkennbaren Pflanzen ist Sandafell. Allerdings fanden Robert (Reise durch Island) und Dr. Winkler mit Surturbrand zusammen verkohlte Pflanzenreste auch im Nordostlande, doch sind es unbestimmbare Reste von Zweigen. Ferner giebt Olafsen an verschiedenen Stellen im Norden von Island Surturbrand an und Robert nennt das im Osten der Insel liegende Lager von Vapnefiordr im Hintergrunde der Bai von Virki das berühmteste von ganz Island, aber Blätter sind in diesen Gegenden noch nicht gefunden worden. Aus dem Inneren der Insel und dem ganzen Südosten sind keine Pflanzenreste bekannt. Es ist dies auch leicht erklärlich, da diese Theile Islands wenig untersucht und z. Th. ganz unzugänglich sind, so namentlich die Südostseite der Insel, die mit ungeheueren Gletschern bedeckt ist.

Aus den angeführten Resultaten Heers ist ersichtlich, dass die Tertiärflora Islands von der jetzigen ganz verschieden ist. Während dort jetzt von einer Waldvegetation nicht zu reden ist, bestand während der Tertiärzeit der Wald aus 25 Holzgewächsen. Von den genauer bestimmten fossilen Pflanzen kehren 18 in der europäischen miocänen Flora wieder, die z. Th. zu dieser Zeit eine grosse Verbreitung hatten. Unter diesen finden sich 13 Holzgewächse und zwar gerade die Arten, welche grösstentheils in Island am häufigsten waren und daher voraussichtlich damals die Wälder vorwiegend dort gebildet haben. Die europäische Waldflora reichte also zu jener Zeit mit 13 Holzgewächsen bis nach Island.

Was nun den Charakter dieser Flora betrifft, so hat schon Prof. Steenstrup auf den vorherrschend amerikanischen Charakter der isländischen Tertiärflora hingewiesen. Auch Heer hat eingehender dargethan, dass alle Nadelhölzer Islands, mit denen jetzt lebende verglichen werden können, nordamerikanischen Typen entsprechen. Ebenso können die meisten von den Dicotyledonen nordamerikanischen Arten an die Seite gestellt werden. Heer sagt in Bezug auf den Charakter der isländischen Flora: „Er ist in der That sehr in die Augen fallend, indem nicht nur der Tulpenbaum, der Nussbaum und die Platane auf Amerika weisen, sondern auch Gattungen, die noch in Europa leben, meist nicht in europäischen, sondern amerikanischen Typen repräsentirt sind, während die jetzige isländische Flora einen durch und durch europäischen Charakter hat. Es ist bekannt, dass die ˙miocäne Flora Europas überhaupt aus vorherrschend amerikanischen Typen zusammengesetzt ist; es ist also diese Erscheinung nur ein

Beweis, dass dieser miocäne Charakter bis in diese hoch-nordische Insel hinaufreichte." Heer hält daher die sämmtlichen erwähnten Localitäten Islands für miocän, und er zweifelt nicht, dass wenigstens die tiefergelegenen Surturbrandlager sämmtlich sich zu dieser Zeit gebildet haben. Die mit dem übrigen Europa gemeinsamen Arten vertheilen sich derart auf die verschiedenen Stufen der miocänen Formation, dass eine nähere Bestimmung nicht mit voller Sicherheit gegeben werden kann. Da das Sparganium valdense, Rhus Brunneri und Sequoia Sternbergi ausschliesslich oder doch vorherrschend im Untermiocän gefunden werden, so ist es wahrscheinlich, dass Brianslaekr und Gaulthvamr dem Untermiocän angehören, während Hredavatn obermiocän und der Oeninger Bildung sowie der Flora von Schossnitz bei Breslau zuzutheilen sein dürfte, da das häufige Vorkommen von Betula macro phylla und Platanus accroides bis jetzt erst in dieser Abtheilung beobachtet worden ist. Im Sommer 1883 haben die Herren Dr. C. W. Schmidt und Dr. K. Keilhack die Insel Island geologischer Forschungen halber von Neuem bereist, und der erstgenannte hat eine Sammlung isländischer tertiärer Pflanzenreste nach Deutschland gebracht. Von den 6 Stück versteinerten Hölzern stammen drei von Husavik im Nordwesten, zwei von Husavik, einem anderen Punkte im Norden und ein Stück von Bödvarsdalr im Osten, während die Braunkohlenhölzer von den verschiedensten Punkten der Insel (Brianslaekr im Nordwesten, Husavik im Norden, Vindfell im Osten, Skeggiastadir im Osten, nördlich von Vindfell und Geldingafell im Nordwesten, in der Nähe von Hredavatn) herrühren. Die Pflanzenabdrücke entstammen den von Heer schon beschriebenen Fundpunkten Brianslaekr auf der nordwestlichen Halbinsel aus einem kohligen, braunen oder schwarzen ausserordentlich brüchigen und nicht spaltbaren, blättrigen Schiefer und Husavik am Steingrimsfjördr auf der nordwestlichen Halbinsel aus einem eisenschüssigen rothbraunen Schiefer. Die von Herrn Dr. Schmidt von Brianslaekr mitgebrachten Pflanzenreste stammen nicht von

der Stelle, an welcher sie Prof. Steenstrup sammelte.
Sodann finden sich in der Sammlung z. Th. ausgezeichnet
erhaltene Abdrücke in einem ziemlich festen, weissgrauen
Thon oder sandigen, bröckligen Tonconglomerat sandstein-
artiges Material) von einem bislang noch nicht bekannten
Fundpunkte von Tröllatunga am Steingrimsfjördr in der
Nähe von Husavik. Ausserdem enthält die Sammlung
noch ein einziges Exemplar aus dem Osten der Insel, woher
bis jetzt noch keine Pflanzenabdrücke bekannt waren.
nämlich von Vindfell am Vopnafjördr aus einem festen
graubraunen Thon.

Ich gehe nun zur Beschreibung der mit Sicherheit
nachweisbaren organischen Reste über, und zwar werde
ich zuerst die versteinerten Hölzer, sodann die Braunkohlenhölzer und zuletzt die Pflanzenabdrücke behandeln. Vorher wird es angebracht sein, wenn ich einige Notizen
über die geologischen Lagerungsverhältnisse der pflanzen-
führenden Schichten von Tröllatunga, Brianslaekr und Husavik
nach einer Mittheilung von Dr. Schmidt vorausschicke.

Bei dem Priesterhof Tröllatunga am Steingrimsfjördr
geht ein kleines, schluchtartiges Thal, ungefähr in der
Mitte zwischen den Middalr und Arnköllndalr und beiden
parallel von Norden nach Süden laufend, in die Basaltberge
hinein. Es wird fast ganz von einem Bächlein ausgefüllt,
so dass man, um es zu verfolgen, am oberen Rande hinreiten
muss. Nach einigen 1000 m gelangt man zu einem kleinen
Kessel, in dem der Bach oben über eine Steilwand in die
Schlucht hinunterstürzt. Hier an der Ostseite ist eine
Surturbrandablagerung in einer ungefähren Länge von 50 m
und einer Gesammtmächtigkeit von 5—10 m aufge-
schlossen. Unterlagert wird dieselbe in regelmässiger Weise
von einem nach unten zu ausgezeichnet säulenförmig,
nach oben unregelmässiger abgesonderten, sehr cavernösen
Basaltstrom. Die Ablagerung selbst zeigt eine gut ausgeprägte, annähernd horizontale Schichtung; jedoch sind an
einigen Stellen wellenförmige Auftreibungen zu bemerken.

Die Schichten bestehen in wechselnder Aufeinanderfolge
aus einem feinen, sandsteinähnlichen Conglomerat, aus thonigem Material und aus mit letzterem innig verbundenen Surtur-

brand. Schon in dem sandsteinartigen Material und noch besser
in kohlearmen und alsdann lichtgrauen Partien jener Thone
finden sich, wenn auch nicht häufig, schön erhaltene Blätter.
Des compakten festen Materials wegen sind sie viel besser
conservirt als jene in dem ausserordentlich brüchigen
Schiefer von Brianslackr auftretenden Ueberreste.

Nach Norden zu ist die Ablagerung herabgestürzter
Schuttmassen wegen nicht zu verfolgen. Nach Süden zu
scheint sie sich jedoch bald auszukeilen, und hier ist
schliesslich nur noch jenes sandsteinähnliche, hier sehr
eisenreiche Conglomerat zu bemerken.

West-Süd-West vom Pfarrhof Brianslaekr zieht sich
mit ungefährem Streichen von Osten nach Westen eine
Schlucht circa 200 m weit in das Basaltgebirge hinein.
Im Grunde fliesst ein kleiner Bach, der sich mit einem
Wasserfalle oben in dieselbe hineinstürzt. Fast in der
ganzen Erstreckung sind an den Wänden die schönsten
Aufschlüsse von Surturbrand führenden Tuffen, und es gehört
dieses Vorkommniss zu den wenigen, welches ausser den
stets mehr oder minder unkenntlichen verkohlten Ueber-
resten von Stämmen und Zweigen auch noch sehr wohl
deutbare Abdrücke von Blättern und Früchten führt. Doch
kommen letztere durchaus nicht gleichmässig vertheilt in
allen Schichten vor, sondern sind nur in einer sowohl
vertical wie horizontal sehr beschränkten Zone aufzufinden.

Das unterste Niveau der Ablagerung wird in circa 5 m
Mächtigkeit von einem braunen, sehr thonigen Sphärosiderit gebildet.

Hierauf folgt eine 1 m starke lavaartige Basaltdecke
und hierüber eine 1—2 m mächtige horizontal geschichtete
und ausserordentlich dünnschiefrige Schicht, deren Material
aus mehr oder minder kohligen Thonen besteht. Innerhalb
dieser Schicht finden sich nun auch Partien, die von Kohle
freier erscheinen, und in jenen hauptsächlich sind die noch
gut erhaltenen Ueberreste anzutreffen.

Die verkohlten Stücke von Stämmen und Zweigen
dagegen treten mehr in den Theilen auf und sind stets in
ganz regelloser Lage, bald parallel der Schichtung, bald
senkrecht dazu in den Thonen erhalten. Gewöhnlich zei-

gen sie ein plattgedrücktes Aeussere und erreichen nicht selten eine Länge von $\frac{1}{2}$ m und mehr.

In horizontaler Erstreckung ist jene Blattabdrücke führende Schicht nicht weit zu verfolgen, und es scheint, als wenn sie sich sowohl nach Osten wie nach Westen bald auskeilt.

Ueberdeckt wird die ganze Ablagerung von drei sehr cavernösen Basaltströmen, die eine Gesammtmächtigkeit von ungefähr 15 m erreichen und überall eine schön säulenförmige Absonderung erkennen lassen.

Wenige 100 m südöstlich von dem Gehöft Husavik am nördlichen Abfalle eines von Norden nach Süden verlaufenden Hügelrückens erblickt man einen winzigen, kleinen Kessel, erodirt mit Hülfe eines oben in denselben hineinfallenden Bächleins.

Ursprünglich wahrscheinlich zum grössten Theile von einer sedimentären Ablagerung erfüllt, tritt jetzt nur noch an der östlichen Steilwand ein guter Aufschluss zu Tage. Das gesammte Material ist hier ausserordentlich eisenreich und wird sogar in der Hauptsache direct von einem thonigen Sphärosiderit gebildet.

Zu unterst lagert ein ziemlich grobklastisches sandsteinähnliches Conglomerat, das Schichten eines thonigen Sphärosiderit eingeschaltet enthält. Nach oben zu wird das erstere von dem Sphärosiderit vollständig verdrängt, der entweder sehr zerklüftet und stark bröcklig oder aber in grösseren Platten schieferförmig abgesondert erscheint. Ganz unregelmässig vertheilt finden sich Lagen eines knollenförmigen thonigen Sphärosiderits.

Im Innern dieser Knollen finden sich nur höchst undeutliche pflanzliche Abdrücke vor; besser sind sie, wenn auch selten, in jenen schieferförmig abgesonderten Partien.

Das ganze, einige 10 m mächtige Lager wird, wie gewöhnlich, von lavaartigen Basaltströmen überdeckt.

Surturbrand ist, wenn auch nicht hier, so doch weiter nach Süden am Abhang des Hügelrückens anzutreffen.

Auch Herr Dr. Winkler giebt in seinem Werke über Island eine Beschreibung der Fundstelle Husavik. Es stimmt dieselbe mit der von Herrn Dr. Schmidt

gegebenen überein. Während die von Herrn Dr. Winkler
hier gesammelten Pflanzenreste aus den Sphärosideritknollen
stammen, rühren die von Herrn Dr. Schmidt aufgefundenen
aus den schieferförmig abgesonderten Partien her.

Die versteinerten Hölzer.

Von den sechs versteinerten Hölzern gehören vier
Stücke von Husavik im Norden und von Husavik im Nordwesten und das eine Stück von Bödvarsdalr wahrscheinlich
derselben Conifere an und verweisen alle auf ein und
dieselbe Species, insofern die Structur des Holzes in Frage
kommt. Das sechste, sich schon äusserlich von den anderen
unterscheidende versteinerte Holz von Husavik im Norden
rührt von einem Laubholze her. Es fanden sich diese fossilen Hölzer in einem graugrünen Tuff eingebettet.

Pityoxylon mosquense Kr.

(Merckl. spec.)

Syn. Pinites mosquensis Mercklin, Palaeodendrol. ross.
pag. 51. t. X. f. 1—5.
Felix, Beitr. z. Kenntn. foss. Con. Hölzer. Engler's
botan. Jahrb. III. Bd. Heft 1882. p. 277. t. 2. f. 1.
Felix, Die Holzopale Ungarns, p. 37.

Stamm- und Astholz.

Als Stammholz betrachte ich die drei weniger gut erhaltenen Stücke von Husavik im Nordwesten, woher die
Pflanzenabdrücke stammen. Die Stammstücke, welche an
einigen Stellen gelbbraune bis rothbraune verwitterte Partien
zeigen, sind dunkelschwarz gefärbt und verkieselt. Die
Färbung rührt von Eisenoxydhydrat her.

Das Stück von Bödvarsdalr, welches etwas gequetscht
ist, halte ich für ein Astholz. Aeusserlich ist es durch Verwitterung hellbraun bis grauweiss gefärbt. Beim Abschlagen
von Splittern zeigte sich innen eine dunkelbraune Färbung,
die, wie eine Analyse ergab, von etwas verwittertem Eisenspath, der geringe Mengen Thonerde enthielt 'also thoniger
Sphaerosiderit', herrührte. Die an den Querschnittsseiten
sich zeigenden Löcher rühren an einigen Stellen, namentlich

wo diese Löcher in Gänge münden, wahrscheinlich von irgend welchen Thieren her, an den meisten Stellen sind sie aber nur eine Folge der Verwitterung. An zwei Stellen des Stückes kann man grössere Harzmassen beobachten, welche wie trüber Bernstein aussehen und ziemlich hart sind. Dieses fossile Harz zeigte nicht die Eigenschaften des Bernsteins. Beim Glühen wurde es gelbbraun und nach längerem Erhitzen hinterblieb eine weissgraue, bröcklige Masse. Es erweisen sich die Hölzer beim ersten Anblick als von einer Conifere herstammend, indem keine Gefässe vorhanden und die Markstrahlen aus wenigen Stockwerken einreihig aufgebaut sind. Der Querschnitt der in radialen Reihen regelmässig angeordneten Tracheiden ist quadratisch oder oblong mit abgerundeten Ecken. Das Lumen ist mit ziemlich farblosem oder braungefärbtem thonigen Sphärosiderit beim Astholz oder mit gleichgefärbter Kieselsäure beim Stammholz ausgefüllt, die Zellwände dagegen sind braun oder schwarz gefärbt, wo das Lumen heller erscheint; umgekehrt ist es, wo dies nicht der Fall ist. Die einzelnen Zellen im Querschnitt des Astholzes sind bei gleicher Vergrösserung betrachtet fast noch einmal so gross als die des Stammholzes.

Die Hölzer von Ilusavik sind an den meisten Stellen tiefschwarz gefärbt. Man hätte daher glauben sollen, dass diese dunkeln Hölzer, wie dies gewöhnlich der Fall ist, den anatomischen Bau des Holzes deutlich zeigen würden. Es hat sich dies aber nicht bestätigt, da die imprägnirende Substanz oft so stark abgeschieden war, dass man gar nichts erkennen konnte.

Die mit blossem Auge sichtbaren Jahresringe sind bei dem Stammholz $1/2-1 1/2$ mm breit und scharf von einander abgesetzt. Das Astholz von Bödvarsdalr zeigt breitere Jahresringe, bis über 2 mm breit; doch müssen dieselben breiter gewesen sein, da fast regelmässig das Frühlingsholz stark zusammengedrückt ist. Frühlings- und Herbstholz unterscheiden sich schon durch ihre verschiedene Färbung. Die dünnwandigen, gewöhnlich quadratischen Frühlingsholz-zellen sind weitlumig, die tangential verdickten Herbstholz-

zellen dagegen englumig. Das Herbstholz des Stammes
besteht meistens aus circa 5, manchmal auch etwas mehr
Zellreihen, während das Frühlingsholz 20—30 Zellreihen
aufweist. Bei dem Astholze von Bödvarsdalr dagegen sind
Frühlings- und Herbstholz ziemlich gleich entwickelt und
jedes 10—20 Zellen breit. Wegen dieser gleichmässigen
Ausbildung von Frühlings- und Herbstholz vermuthe ich,
dass das fossile Holz von Bödvarsdalr einem Aste angehört
haben mag. Zerstreut und nicht gerade häufig bemerkt man
ziemlich gleichgrosse verticale Harzgänge, die grosse, helle
ovale oder runde Durchschnitte bildend von einer nur an
einigen Stellen deutlich sichtbaren Zellschicht Strangparenchym umgeben sind. Im Sommerholz finden sich diese
Harzgänge äusserst selten, häufiger schon an der Grenze
zwischen Frühlings- uud Herbstholz. Bisweilen finden sich
mehrere dicht neben einander in einer Reihe. Die Markstrahlen sind ziemlich häufig, dunkel gefärbt und ein-
schichtig.

Die Längsschliffe des Astholzes sind bedeutend besser
erhalten als die des Stammholzes.

Da das fossile Holz von Bödvarsdalr durch thonigen
Sphärosiderit versteinert war, so glaubte ich noch deutlichere
Schnitte zu erhalten, wenn ich langsam Salzsäure auf dieselben einwirken liess. Es hat sich dies bestätigt. Ich be-
handelte mehrere grosse Splitter mit verdünnter Salzsäure,
wobei natürlich eine lebhafte Kohlensäureentwickelung ein-
trat. Die organischen Substanz des fossilen Holzes blieb sodann zurück und sah aus wie Braunkohlenholz. Nachdem
die Stücke mit Wasser ausgewaschen worden waren, war
es möglich, von denselben besonders in nassem Zustande
in der Längsrichtung sehr deutliche Schnitte zu erhalten.

Im Tangentialschnitt haben die Hölzer in den verschiedensten Grössen einschichtige und mehrschichtige,
dann mit einem horizontalen Harzgang versehene spindet-
förmige Markstrahlen. Die Höhe der Markstrahlen variir-
von 2—35 Zellen. Am häufigsten finden sich die 10—20
Zellen hohen, selten die 35 Zellen hohen. Die Harzgänge
liegen nicht immer in der Mitte der Markstrahlen, sondern
auch zuweilen nach den Enden zu. Die Markstrahlzellen

2

besitzen im Tangentialschnitt eine rundliche Gestalt. Die Tracheiden zeigen auf den Radialwandungen grosse runde Holztüpfel, welche stets in einer Reihe stehen und sich zuweilen berühren. Im Radialschnitt weisen die Markstrahlzellen horizontalgestellte kleine Poren wie unsere Fichten und Lärchen auf. Die horizontalen Harzgänge sind von einer Reihe secernirender Harzzellen umgeben.

Der geschilderte anatomische Bau zeigt, dass die beschriebenen Hölzer einer Abietinee angehören und zwar den Fichten und Lärchen nahe stehen. Die meiste Uebereinstimmung zeigen sie mit dem von Kraus aufgestellten Pityoxylon mosquense, welches fossile Holz Mercklin und Felix auch aus dem Tertiär erwähnen.

Wurzelholz.

Das grosse Holzstück von Husavik im Norden ist in seinem ganzen Umfange erhalten, 25 cm lang, von elliptischem Querschnitt, dessen grösster Durchmesser 18 cm und der kleinste 12 cm beträgt. Das andere Ende des Stückes ist etwas schmäler. Es ist aussen etwas verwittert und daher von schmutziggrauer Farbe, innen ist es von dunkelbrauner Farbe. Das färbende Medium ist hier ebenfalls Eisenoxydhydrat. Auch dieses Holzstück ist nicht verkieselt, sondern durch etwas verwitterten thonerdehaltigen Eisenspath (thoniger Sphärosiderit) versteinert. Es wurden auch von diesem fossilen Holze grosse Splitter mit Salzsäure behandelt. Die übrig bleibende organische Substanz sah ebenfalls wie Braunkohlenholz aus und gestattete in der Längsrichtung deutliche Schnitte. Interessant ist das Holzstück dadurch, dass es von einer Anzahl von Gängen*) nach allen Richtungen durchsetzt wird.

---

*) Man kann unter diesen Gängen zwei Arten unterscheiden. Einmal schmale, langgezogene an den Wänden mit einer weissgrauen Kalkschicht und darauf sitzenden gelben Kalkspathkrystallen ausgekleidete und das andere Mal sehr breite, dicke und gewöhnlich weniger lange Gänge, die keine Kalkbedeckung an den Wänden aufweisen, sondern, wenn sie nicht von einem schwarzgrünen bis schwarzen Material ausgefüllt sind, nur gelbgefärbte Kalkspathkrystalle und zuweilen auch schöne Schwefelkieskrystalle zeigen. Diese beiden

Das Holz zeigt im Querschnitt auffallend enge, sehr scharf ausgeprägte Jahresringe $1/_6-1/_4$ mm breit. Die quadratischen bis rechteckigen Zellen stehen in regelmässigen radialen Reihen. Das Sommerholz besteht aus 2—4, das Herbstholz aus 1—3 Zellreihen. Diese geringe Entwicklung des Herbstholzes weist besonders auf die Wurzelnatur des Holzstückes hin. Während die Zelllumina der Sommerholzzellen farblos, die Zellwände braun gefärbt sind, ist dies im Herbstholze gerade umgekehrt. Es fehlt hier die bei Stammhölzern vorkommende Uebergangsschicht vom Sommer- zum Herbstholz: Die Herbstholzzellen sind verdickt und tangential stark verkürzt. Die kleinen ovalen bis runden verticalen Harzgänge, welche von einer Zellreihe Strangparenchym umgeben sind, finden sich sehr selten. Sie sind ausschliesslich im Herbstholz, das, wenn nur zwei Zellreihen vorhanden sind, um dieselben bogenförmig sie umschliesend herumgeht. Die Markstrahlen sind einreihig und dunkel gefärbt. Besonders die Sommerholzzellen unseres Stückes zeigen gegenüber denen des beschriebenen Stammholzes eine grössere Weite. Im Tangentialschnitt bemerkt -man ziemlich zahlreich die spindelförmigen einreihigen Mark-

verschieden gebauten Gänge, die z. Theil auch ausgefüllt sind, weisen darauf hin, dass sie von verschiedenen Thieren herrühren. Da nun nach einer mündlichen Mittheilung des Herrn Dr. C. W. Schmidt dieses fossile Holzstück in einer von den Meeresfluthen bespülten Küstenwand sich vorfand, so vermuthete ich, dass diese Gänge wohl von Bohrmuscheln herrühren könnten. Es hat sich dies auch bestätigt, indem beim Zerschlagen des Stückes in den grösseren Gängen, besonders an den Enden derselben, Muscheln und einzelne Stücke von Schalen, die z. T. von gelben Kalkspathkrystallen überkrustet waren, sich zeigten. Eine genaue Bestimmung derselben war nicht möglich, da ein vollständig erhaltenes Exemplar wegen der grossen Zerbrechlichkeit, Seltenheit und Ueberkrustung von Kalkspath nicht zu erlangen war. Soviel kann aber behauptet werden, dass die in grösseren Gängen sich findenden Muscheln den Pholadiden angehören, während die längeren schmalen Gänge von Kalkgehäuse bauenden Gliedern des Genus Teredo herrühren.

Einzelne der schmalen mit einer Kalkschicht ausgestatteten Gänge zeigten, wenn sie bloss gelegt waren, eine regelmässige Segmentirung, welcher Umstand zu der Annahme verleiten könnte, dass diese regelmässig gegliederte Kalkschicht die allein übrig gebliebene äussere Chitinhülle von Käfer- oder Schmetterlingslarven sei.

2*

strahlen 2—20 Zellen hoch mit dünnwandigen Zellen von rundem Querschnitte. Nicht häufig zeigen sich auch mehrreihige (2—3 Zellreihen), dann stets mit einem horizontalen Harzgang verschene Markstrahlen. Diese Harzgänge, welche ebenfalls von einer Reihe secernirender Harzzellen umgeben sind, finden sich in der Mitte der Markstrahlen.

Die Radialschliffe waren sehr undeutlich, um sehr viel besser waren dagegen die Schnitte, welche aus der durch Behandlung mit Salzsäure zurückgebliebenen organischen Substanz erhalten wurden. Die Markstrahlzellen zeigten auf den Radialwänden fast horizontalgestellte kleine ovale Poren wie die Fichten und Lärchen. An verschiedenen Stellen konnten deutlich grosse runde bis ovale Tüpfel in ein und zwei, selten drei Reihen angeordnet beobachtet werden. Schon Kraus (Mikrosk. Untersuch. über den Bau leb. und vorweltl. Nadelhölzer, Würzburger naturw. Zeitschr. Bd. 5, pag. 149) hat von lebenden deutschen Nadelhölzern und von fossilen Nadelhölzern der Gattung Pityoxylon (so von Pityoxylon Hoedlianum Kr. und von P. Schenkii Kr.) Wurzelhölzer beschrieben. Er giebt als Merkmale für diese Wurzelhölzer an: Sehr enge Jahresringe, geringe Entwickelung des Herbstholzes, das Fehlen der mittleren, den Uebergang vom Sommer- zum Herbstholz bildenden Zellschicht, starken Contrast des Sommer- und Herbstholzes, die Mehrreihigkeit der Tüpfelung der Tracheiden gegenüber der Einreihigkeit der Stammhölzer und grössere Weite der Holzzellen. Diese von Kraus angeführten Merkmale für Wurzelholz von Pityoxylon stimmen so gut auf unser fossiles Holz, dass ich nicht umhin kann, es als ein solches anzusehen.

Plataninium aceroides.

Plataninium acerinum Unger, Chloris protogaea p. 138 t. 47.

Platanus aceroides, Schröter, Untersuchung über fossile Hölzer aus der arctischen Zone, Zürich 1880.

Das fossile Holz von Husavik im Norden ist ein vollständiges Stammstück von circa 10 cm Höhe und circa 15 cm Durchmesser, von cylindrischer Form, von muschligem

Bruch und dunkelschwarzer Farbe, ähnlich wie schwarzer
Feuerstein aussehend. Die Färbung dieses verkieselten
Holzes rührt auch hier von Eisenverbindungen her. Die
äusseren Theile sind verwittert und zeigen eine hellgrau-
blaue Farbe, welche nach innen zu ziemlich plötzlich in
das Dunkelschwarz übergeht. Mit blossem Auge sind die
Jahresringe in einer Breite von 1—3 mm wohl zu bemerken.
Da das Holz einem leichten Drucke ausgesetzt gewesen
ist, so können die Jahresringe auch etwas breiter gewesen
sein. Besonders nach aussen zu werden die Jahresringe
enger, was eine Folge des Druckes sein mag. Die grossen
Markstrahlen sind quer wie tangential besonders an den
verwitterten Stellen des Holzes deutlich sichtbar.

Schon bei oberflächlicher Betrachtung des Querschnittes
mit der Lupe charakterisirt sich das Holz als Laubholz
durch die grosse Menge von Gefässen. Es ist unser Laubholz an vielen Stellen ausgezeichnet erhalten. Die Jahresringe sind infolge der Vertheilung der Gefässe wohl zu erkennen und setzen scharf ab. Nach dem Herbstholz zu
nehmen die Gefässe an Grösse wie an Zahl ab. Die Gefässe sind regellos vertheilt, von nicht sehr grossem Durchmesser, stehen isolirt oder berühren einander. Die Ge-
fässlumina sind von unregelmässiger Form, bald kreisförmig,
bald elliptisch. Die Gefässe werden von einem mecha-
nischen Gewebe, dessen unregelmässig gestaltete Zellen
an einigen gut erhaltenen Stellen starke Wandverdickung
zeigen, ohne regelmässige Anordnung umgeben. Diese Libriformzellen sind immer braungelb gefärbt, während die Gefässe heller braun oder farblos sich dem Beschauer darbieten. Zwischen den Libriformzellen finden sich spärlich
manchmal in der Nähe der Gefässe Zellen von derselben
Grösse, aber von hellerer Farbe, welche nach meiner Ansicht wohl dem Holzparenchym angehören mögen. Tracheiden
können vorhanden sein, sie liessen sich aber nicht mit
Sicherheit constatiren. Nach der Grenze des Jahrringes
zu ordnen sich die Holzzellen in Reihen radial an einander.
Die Markstrahlen mit radial gestreckten Zellen sind zahlreich und 1—6 oder mehr Zellen breit. Nach der Grenze
des Jahresringes zu schwellen die Markstrahlen stark an,

wodurch die Jahresringe noch deutlicher hervortreten.
Die weniger breiten Markstrahlen sind in der Mehrzahl
vorhanden. Auf dem Tangentialschnitte erscheinen die Markstrahlen
in ihrer spindelförmigen Form zahlreich und sehr verschieden breit. Auch hier bemerkt man, dass die weniger
hohen und weniger breiten stark vertreten sind. In der
Mitte sind die Markstrahlen, besonders die grossen, stark
verbreitert und bilden ein Mauerwerk aus Zellen kreis-
runden Querschnitts. Die grossen breiten Markstrahlen,
die schon mit blossen Augen sichtbar sind, sind gewöhnlich in der Mitte von der Imprägnirungsmasse dunkel
gefärbt, weshalb nur am Rande die rundlichen Markstrahlzellen deutlich bemerkt werden können. Die grössten Markstrahlen sind in der Mitte 10 und mehr Zellen breit und 30 und mehr Zellen hoch. Es kommen aber
auch solche vor, welche geringe Breite und bedeutende
Höhe haben. Die Gefässwände zeigen zuweilen horizontal
gestellte dicht an einander stehende behöfte Tüpfel mit
elliptischen Spalten. An einer Stelle konnte leiterförmige
Durchbrechung eines Gefässes beobachtet werden.

Im Radialschnitt sind die grossen Markstrahlen in der
Mitte ebenfalls sehr dunkel gefärbt. Die weniger hohen
zeigen, dass die Markstrahlzellen nicht sehr hoch sind.
Die Querwände der Gefässe sind sehr steil, oft senkrecht
und leiterförmig perforirt. Die Gefässe sind gewöhnlich
hellbraun gefärbt; doch finden sich in ihnen zuweilen
farblose ovale bis runde Stellen, welche an einigen Stellen
eine dunkle Linie umfasst. Vermuthlich sind diese Stellen
runde Durchbohrungen der Gefässe; es können aber auch
nur Färbungserscheinungen sein.

Mit lebenden Hölzern verglichen zeigt unser fossiles
Laubholz grosse Aehnlichkeit mit Platanenholz. Es war
mir nur möglich, dasselbe mit dem Holz von Platanus
occidentalis zu vergleichen. Wir finden hier alles in
analoger Weise wieder. Das fossile Holz hat die regelmässige starke Verdickung der Libriform, dieselbe Form
und Anordnung der Gefässe die leiterförmigen und die
runden Durchbohrungen, die bei unserem fossilen Holze

nicht sicher nachgewiesen werden konnten. Es sind die
runden Durchbohrungen viel zahlreicher als die leiterförmigen und ganz besonders charakteristisch für Platanenholz,
wie Kaiser (Zeitschr. f. d. ges. Naturwissensch. Halle p.
91) schon bemerkte. J. Möller. welcher in seinen Bei-
trägen zur vergleichenden Anatomie des Holzes auch Platanus occidentalis beschreibt, erwähnt wie auch Kaiser
anführt, diese runden Durchbohrungen gar nicht. Von Platanus occidentalis unterscheidet sich unser fossiles Holz
durch die geringere Breite der Jahrringe und durch die
geringe Anzahl von grossen Markstrahlen, die auch nicht
eine so starke Verbreiterung wie bei Pl. occidentalis zeigen.
Ferner sind die Markstrahlzellen radial nicht so hoch und
breit wie bei Pl. occidentalis. Es sind diese Unterschiede
aber nicht von so grossem Belang, dass man durch sie
veranlasst werden könnte, das fossile Holz einem anderen
Genus zuzutheilen.

Da nun Goeppert (Verhandl. der schles. Gesellsch.
1867. p. 50) von Island vom 65 ^{0} n. Br. höchst wahrscheinlich aus dem Norden oder Nordwesten der Insel, da im
Osten noch keine Blattabdrücke bekannt waren, Blattabdrücke von Platanus aceroides anführt und da ferner auch
Heer (Flor. foss. arct. I. p. 50) einen Blattfetzen von Platanus aceroides von Hredavatn auf Nordwestisland (64 ^{0}
50 n. Br. und 4 ^{0} westl. Länge von Ferro) beschreibt, so
glaube ich, dass es statthaft ist, unser fossiles Holz mit
diesen Blättern von Platanus aceroides in Verbindung zu
bringen.

Fossiles Platanenholz hat zuerst Unger in seiner
Chloris protogaea p. 138 unter dem Namen Plataninium
acerinum beschrieben. Es stimmt unser Holz in vielen
Stücken mit dem Unger'schen Platanenholz, von dem
er leider sehr schematische Abbildungen giebt, überein.
Die von ihm untersuchten Hölzer unterscheiden sich von
dem unserigen durch die grosse Anzahl breiter und hoher
Markstrahlen. Ueberhaupt kommt das von Unger beschriebene Platanenholz dem Platanus occidentalis viel näher als
das unserige. Auch in seiner Abbildung des Querschnittes
lässt sich zwar nicht deutlich ein charakteristisches Merk-

mal für Platanenholz erkennen, nämlich das Anschwellen
der breiten Markstrahlen an der Grenze der Jahrringe.*)
Fossiles Holz von Platanus aceroides hat Schröter in
seiner Schrift „Untersuchung über fossile Hölzer der arctischen Zone Zürich 1880" beschrieben. Seiner Beschreibung nach stimmt unser Holz wohl mit demselben überein.
Die von ihm gegebene zehnmal vergrösserte Abbildung des
Querschnittes lässt eigentlich sehr wenig erkennen und be-
kräftigt seine Angabe, dass das Holz sehr schlecht erhalten
gewesen ist.

Die Braunkohlenhölzer.

Die bituminösen Holzstücke des Surturbrands sind immer
plattgedrückt und regellos gelagert, bald horizontal, parallel
oder senkrecht zur Schichtung. Olavius dagegen beschreibt
sie als horizontal gelagert, daher er auch die sonderbare
Meinung äussert: „Diese Bäume müssen wagrecht gewachsen
sein, und mit den aufrecht wachsenden einerlei Fort-
pflanzungskräfte gehabt haben." Der Erhaltungszustand
dieser Braunkohlenhölzer ist im Allgemeinen ein sehr
schlechter. Dieselben müssen einem bedeutenden Drucke
ausgesetzt gewesen sein, da sie, was schon äusserlich zu
bemerken ist, derart zerquetscht und verschoben sind, dass
sie gewöhnlich zur Bestimmung untaugliche Schnitte liefern.
Auf dem Querschnitt kann man mit wenigen Ausnahmen
gar keine Zellen mehr erkennen, nur Andeutungen von
Jahrringen, die stark wellig gebogen sind. Durch den
starken Druck sind die meisten mit einer Parallelstructur
versehen. In der Richtung dieser Schichtung lassen sich
diese Braunkohlenhölzer nach Befeuchtung mit Wasser und
Kalilauge schneiden. Die gewonnenen Schnitte, welche
mit Kalilauge behandelt wurden, waren tangential, radial
oder schief. Nach dem Aeusseren zu schliessen sind
Stamm-, Ast- und wahrscheinlich auch Wurzelhölzer unter
den Stücken. Die Stücke, welche noch die Holzstructur
am besten erhalten zeigen, sind in ihrem mikroskopischen
Baue undeutlich; am besten sind jene erhalten, welche die

---

*) Unger erwähnt hiervon nichts.

meiste Verdrückung wahrnehmen lassen. An einigen war auch undeutlich die Rinde erhalten. Die glänzend schwarzen, zugleich die härtesten Stücke, von den Isländern „Steenbrand" genannt, werden von kochender Kalilauge fast gar nicht angegriffen, dagegen waren sie nach Behandlung mit einem kochenden Gemenge von Salpetersäure und chlorsaurem Kali zur Untersuchung geeignet. Von den meisten Stücken erhielt ich tangentiale und radiale Schnitte, einmal die ersteren, das andere Mal die letzteren nicht immer gleich gut erhalten. Nach diesen Schnitten gehören die untersuchten isländischen Braunkohlenhölzer sämmtlich einer Conifere an. Schon Heer hatte dies vermuthet und angenommen, dass sie wohl von Sequoia Sternbergi herstammen könnten. Die Tangentialschnitte, die nach Behandlung mit HNO_3 und $KClO_3$ so deutlich wie von lebenden Hölzern wurden, zeigen einreihige Markstrahlen 2—30 Zellen hoch mit runden Zellen und mehrreihige mit horizontalen Harzgängen versehene. Auf den Radialschnitten der Markstrahlen liessen sich bisweilen ziemlich horizontal gestellte kleine ovale Poren erkennen, wie wir sie bei unseren Fichten und Lärchen finden. Es war dies der Fall bei den Braunkohlenhölzern von Skeggiastadir und von Vindfell. Die Braunkohlen von Husavik im Norden liessen eine sehr steil verlaufende spiralige Streifung der Tracheiden erkennen. Nur bei den besser erhaltenen Braunkohlenhölzern von Brianslaekr hatte ich Gelegenheit, runde einreihige Hoftüpfel auf den Tracheiden zu sehen. Zwei Aststücke liessen Querschnitte zu, welche, obgleich auch verdrückt, einen ähnlichen Bau wie das versteinerte Astholz von Pityoxylon mosquense von Bödvarsdalr darboten. Hiernach gehören die von mir untersuchten Braunkohlenhölzer zu Pityoxylon. Die meisten derselben stimmen in ihren Schnitten ungemein mit den beschriebenen versteinerten Hölzern von Pityoxylon mosquense überein. Es ist daher die grösste Wahrscheinlichkeit vorhanden, dass die mir vorliegenden versteinerten Coniferenhölzer und die Braunkohlenhölzer gleichen Ursprungs sind.

Da bei der Speciesbestimmung von Pityoxylon vor Allem Querschnitte nöthig sind, so ist nicht ausgeschlossen, dass einige der Braunkohlenhölzer auch anderen Species als Pityoxylon mosquense angehören können.

Die Pflanzenabdrücke.

I. Cryptogamen.

Equisetaceae.

Equisetum spec.

(E. Parlatorii Schimper?)

Tröllatunga.

Von einem Schachtelhalme liegen mir 4 Stücke, zu verschiedenen Theilen der Pflanze gehörig, vor. Zuerst ein scheideloses mit einem Internodium versehenes 2 cm breites Stengelstück von elliptischem Querbruch. Auf dem Querbruche sieht man die ganze Peripherie des Stengels, dessen innerer Raum mit Gesteinsmaterial ausgefüllt ist. An einer Stelle ist, wie es scheint, das Diaphragma theilweise sichtbar. Bei stärkerer Vergrösserung betrachtet zeigt sich am Stengel eine parallel in der Längsrichtung verlaufende äusserst feine Streifung. Ein nicht sehr gut erhaltenes Stengelstück zeigt mehrere undeutliche Internodien, an denen Spuren der kurzgezähnten Scheiden mit spitzen Zähnen zu beobachten sind. Sodann enthält die Sammlung zwei Stücke von Rhizomästen, welche aus den bekannten als Knollen gebildeten Internodien bestehen. Die knolligen Internodien hängen zu 3 resp. 5 oder auch mehr an Zahl, perlschnurartig aneinander und haben wirtelförmig an den Knoten der Rhizome gesessen, wie dies nicht ganz vollständig an dem einen Stücke erhalten ist. Die mir vorliegenden knolligen Internodien gleichen auffallend den von Unger (Sylloge pl. foss. pg. 4. f. 5) abgebildeten Exemplaren von Kapfenstein in Steiermark. Derartige Internodien kommen auch nicht gerade selten bei lebenden Equiseten vor (siehe Heer, Fl. tert. Helv. I. p. 109; Schimper, traité de paléontol. végét. I. p. 261 und Duval-Jouve, Hist. nat. des Equis. de France, t. 1). Die Internodien sind ziemlich gleich gross und rund bis länglich oval. Die versshiedene Form dieser knolligen Internodien scheint bisweilen eine Folge des Druckes gewesen zu sein. An dem einen der Exemplare ist das letzte

Internodium erhalten, welches in eine abgerundete Spitze
ausläuft. Diese Internodien wie die Rhizomäste lassen dieselbe feine längsverlaufende Streifung erkennen.
Die ebenfalls hohlen runden Rhizome, welche gewöhnlich mit hellerem Gesteinsmaterial ausgefüllt sind, waren mit langen (bis 8 cm) verschieden dicken Nebenwurzeln
besetzt, die ebenfalls die feine Längsstreifung zeigen und
die von den Rhizomästen losgelöst und zerstückelt im Gestein zahlreich zerstreut liegen. An dem einen freigelegten
Rhizomstück, an dem auch noch eine 5 cm lange Nebenwurzel sitzt, ist eine runde vertiefte, mit einem leichten
Randwulst umgebene Narbe zu bemerken, welche von einer
abgelösten Nebenwurzel herrührt.
Heer (Fl. tert. Helv. I. p. 109. t. 42. f. 2—17; III.
p. 158. t. 145. f. 17, 18) hat nun zuerst unter dem Namen
Physagenia Parlatorii derartige fossile knollige Gebilde beschrieben, die ihm zuerst räthselhaft erschienen, seiner
Meinung nach mit Equisetum Aehnlichkeit hatten. Auch
Unger hat, wie schon oben erwähnt, unter derselben Bezeichnung derartige knollige Pflanzenreste von Kapfenstein
beschrieben. Schimper (traité de paléont. végét. I. p. 261)
hat sodann dargethan, dass diese Gebilde knollig verdickte
Internodien von Schachtelhalmen sind. Betrachtet man die
zahlreichen Abbildungen dieser Internodien bei Heer, so
sieht man, dass dieselben in ihrer Gestalt an ein und derselben Pflanze sehr variiren. Es ist daher gar nicht möglich, wenn von einem Schachtelhalme nur derartige knollige
Internodien vorliegen, dieselben mit einer bestimmten Art
zu vereinigen. Ob daher die von Unger abgebildeten
knolligen Internodien zu den von Heer beschriebenen gehören, ist sehr fraglich. Schon Schimper (Traité d. p. v.
I. p. 262) hat darauf aufmerksam gemacht, indem er sagt:
„Comme les tubercules des Equisetum se ressemblent souvent
beaucoup, il n'est pas prouvé, que le Physagenia Parlatorii
d' Unger soit le même que celui de Heer."
Heer*) hat sodann von Gaulthvamr auf Island einen
Schachtelhalm, Equisetum Winkleri, beschrieben und die

*) (Fl. foss. arct. I. p. 140. t. 24. f. 2—6).

in Sandafell gefundenen Schachtelhalmreste als knollige Internodien dazu gerechnet. Wie aus den Abbildungen Heer's zu ersehen ist, sind die Abdrücke sehr schlecht erhalten. Man kann mit ebendemselben Rechte die von ihm für knollige Internodien angesehenen Reste als schlecht erhaltene Stengelreste deuten. Es ist daher nicht gerechtfertigt, auf Grund dieser undeutlichen Reste eine neue Species aufzustellen.

Meiner Ansicht nach lassen sich die mir vorliegenden Fragmente weder entschieden auf Equisetum Parlatorii und noch viel weniger auf E. Winkleri beziehen. So viel kann ich aber behaupten, dass sie jedenfalls dem Equisetum Parlatorii sehr nahe stehen.

II. Phanerogamen.

a.) Gymnospermen.

Taxodineae.

Sequoia Sternbergi (Goepp.) Heer.

Heer, Urw. d. Schweiz, p. 310. f. 160—163.
Heer, Fl. foss. arct. I. p. 140. t. 24. f. 7—10.
Ettingshausen, Foss. Fl. d. Tertiär-Beckens v. Bilin p. 40. t. 13. f. 3—8.
W. Pengelly und O. Heer, the Lignite Formation of Bovey Tracey p. 35.
Syn. Araucarites Sternbergi Goepp. in Bronn, Gesch. d. Natur III. p. 41; Unger, Foss Fl. v. Sotzka, t. 24. f. 1—14, t. 35 f. 1—7; Ettingshausen, Fl. v. Haering p. 36. t. 7. f. 1—10, t. 8. f. 1—12; Heer, Fl. tert. Helv. I. p. 35. t. 21. f. 5, III. p. 317; Massalongo, Fl. foss. Senog. p. 154. t. 5. f. 1, 4, 6, 7, 10, 32, t. 6. f. 17, t. 7. f. 14 bis 20, t. 40. f. 9; E. Sismonda, Prod. Fl. tert. Piémont. p. 7. id. Matér. pour servir à la Palaeont. du terr. tert. du Piém. p. 16. t. 4. f. 6.
? Araucarites ambiguus Massal. Fl. foss. del Monte Colle (Mem. dell' Instituto veneto) vol. 6. p. 17, 18. t. 6. 7.
Steinhauera subglobosa Presl. in Sternb., Fl. d. Vorw. II. p. 202. t. 49. f. 4; t. 57, f. 1—4, 7.

Brianslaekr.

Die mir vorliegenden Abdrücke sind in den dünn-
blätterigen Kohlenschiefern enthalten, welche schlechte Abdrücke liefern. Es löst sich von den Abdrücken die Kohle
sehr leicht ab und die zurückgelassenen Eindrücke lassen
an Deutlichkeit viel zu wünschen übrig. An den meisten
Stellen der Zweige sieht es aus, als ob die zungenförmigen
Blättchen derselben vorn oval zugerundet wären, was aber
nur eine Folge des schlechten Erhaltungszustandes ist. Wie
an einzelnen wohlerhaltenen Blättern, die man von der
Fläche sieht, wohl beobachtet werden kann, sind die abgerundeten Blätter mit einer kurzen Spitze versehen, wie
sie Heer beschreibt. Die Blättchen sind etwas gekrümmt
und stehen ziemlich dicht, nach der Zweigspitze zu aber
weniger dicht, auch sind sie hier etwas kleiner als die
weiter unten stehenden. Die dichtbeblätterten Zweige haben
tiefe Eindrücke im Gestein hinterlassen, wesshalb die Blättchen steif und dick gewesen sein müssen; es lässt sich dies
auch aus der abblätternden Kohle schliessen. Die Blätter,
welche manchmal oben einen Längsnerven erkennen lassen,
sind am Grund am Zweige herablaufend. Die mir vorliegenden Abdrücke stimmen mit den von Heer vor demselben Fundorte beschriebenen überein, welche er in Abbildungen in der Flor. foss. arct. I. t. 24. f. 7, 8 und 10
giebt.

Abietineae.
Pinus Steenstrupiana Heer.

Heer, Fl. foss. arct. I. p. 144. t. 24. f. 23—26.
Brianslaekr.

Von dieser von Heer beschriebenen Species befinden
sich in der Sammlung zwei Zapfenschuppen, die am Grunde
neben dem Nagel nicht ausgerandet sind. Der dünne Stiel
geht ohne tiefe Ausrandung in die Schuppenfläche über,
welche vorn stumpf zugerundet und strahlenförmig durchzogen ist. Neben der einen Zapfenschuppe, von der auch
der Gegendruck vorhanden ist, liegt eine nicht gut erhaltene Nadel, die man hierzu rechnen könnte. Sie ist ziemlich gross und breit, parallelseitig und vorn zugerundet.

Der Abdruck zeigt eine breite Mittellinie, welche bis nahe an die Spitze läuft. Die Basis der Nadel ist nicht erhalten. Heer beschreibt von dieser Art nur die Zapfenschuppen.

Pinus brachyptera Heer.

Heer, Fl. tert. Helv. III. p. 318.
„ Fl. foss. arct. p. 143. t. 24. f. 18.
Brianslaekr.

Es stimmen die mir zu Gebote stehenden Samen in Grösse und Form zu diesen von Heer von demselben Fundpunkte beschriebenen Samen. Die Abdrücke sind glänzend braun bis schwarz. Der Flügel ist breit und ungefähr 12 mm lang. Nach dem oberen Ende zu ist der Flügel am breitesten und vorn zugerundet. Der ziemlich grosse Same ist spitz eiförmig und mit der Lupe betrachtet fein längsgestreift.

Man könnte geneigt sein, die Samen von Pinus brachyptera und die Zapfenschuppen von Pinus Steenstrupiana als zusammengehörig zu betrachten, da beide sich in Brianslaekr und auf demselben Belegstück vorfinden. Heer rechnet aber zu P. Steenstrupiana einen ganz anders geformten Samen.

Pinus spec.

Tröllatunga.
Diese Conifere, wesche nur durch die Nadeln vertreten ist, ist in Tröllatunga die häufigste Pflanze gewesen. Die zahlreichen Nadeln sind in allen möglichen Lagen und Erhaltungszuständen auf vielen der Gesteinsstücke zusammen mit anderen Blattabdrücken, zuweilen auf diesen selbst, zahlreich zerstreut. Manchmal könnte man geneigt sein, einzelne Abdrücke in ihrer verschiedenen Lage und in ihrem verschiedenen Erhaltungszustand für Nadeln einer anderen Species zu halten.

Die meisten Abdrücke sind in ihrer ganzen Länge höchst selten erhalten, was wahrscheinlich von der geringen Schiefrigkeit des Thones herrührt. Stellenweise liegen die Nadeln dicht neben und übereinander. An einigen ist z. Th. die bröcklige Kohle erhalten, an den

meisten Stellen dagegen ist sie abgesprungen. Sie sind
10—20 mm lang und 1 bis circa 2 mm breit. Die Nadeln
sind flach, parallelseitig, vorn gewöhnlich stumpf zugerundet, bisweilen scheint es aber auch, als ob sie nach
der Spitze zu sich gering verschmälern. Am Grund sind
sie gerade zugestutzt, verschmälern sich sehr wenig und
besitzen abgerundete Ecken ohne eine Spur von einem
Stielchen. Ueber die Mitte läuft eine starke Rippe oder
eigentlich sind es zwei aufgeworfene Linien, die am Grund
bogenförmig auseinander weichen. An den Nadeln, welche
die Oberseite zeigen, erscheint diese Rippe als eine vertiefte Linie, während dagegen diejenigen, welche die Un-
terseite darbieten, eine erhabene stark hervortretende dicke
Rippe wahrnehmen lassen. Es zeigen manche der Nadeln
bei stärkerer Vergrösserung zahlreiche kleine Punkte, welche
wohl den Spaltöffnungen entsprechen, und zuweilen eine
sehr feine Längsstreifung zwischen der Mittelrippe und dem
Blattrande. Ebenso ist die erhabene Mittelrippe gestreift.
Die Blätter sind sitzend gewesen. Auf einem der Beleg-
stücke findet sich ein undeutlich erhaltenes Zweigstück,
das man, da in der Nähe zahlreiche Nadeln liegen, hinzu
rechnen darf. Blattnarben sind nicht zu sehen, wohl aber
kleine wulstförmige Erhebungen.

Die Form der Blätter weist auf die Gruppe Tsuga hin,
nur sind die Blätter am Grund mit keinem Stielchen versehen, sondern mit der Basis an den Zweigen angeheftet.

Heer beschreibt von Island eine Pinusart, Pinus microsperma, von der er Früchte und Schuppen abbildet. Ausserdem erwähnt er einen Zweig mit Nadeln, über dessen Zugehörigkeit zu P. microsperma er noch zweifelhaft ist. Einige
der Nadeln, namentlich das Fragment auf t. 24. f. 11,
ähnelt den mir vorliegenden. Doch sind die meisten derselben länger und schmäler und zeigen eine Zuspitzung,
weshalb ich es unterlassen habe, die mir vorliegenden Nadeln zu P. microsperma zu stellen.

b. Monocotyledonen.

Gramineae.

Phragmites oeningensis Al. Br.

Heer, Fl. tert. Helv. I. p. 64. t. 22. f. 5. t. 27. f. 2b
und t. 29. f. 3e. t. 24.

Heer, mioc. Fl. v. Grönland p. 96. t. 3. f. 6, 7, 8 u.
t. 45. f. 6. (Fl. foss. arct. I).

Ludwig, Palaeontogr. VIII. p. 30. t. 16. f. 1, 18. f.
2 u. 24. f. 7.

Stur, Jahrb d. k. k. geol. Reichsanstalt 1867. vol. 17.
p. 138. t. 3. f. 9—21.

Ettingshausen, Foss. Fl. v. Bilin, p. 21. t. 4. f.
6—10.

Phragmites (?) oeningensis Al. Br. in Stitzenb. Verz.
p. 75.

? Phragmites Zannonii Massal., Fl. foss. Senogll. p. 8.

Culmites arundinaceus Ung., Ettingshausen, Foss. Fl.
v. Wildshuth. p. 5. u. Foss. Fl. v. Wien. p. 9. t. 1. f. 1.

Bambusium sepultum Andrae, Fl. Siebenb. u. d. Ba-
nates, t. 2. f. 1—3.

Bambusium trachyticum Kovats, Fl. v. Erdöbénye. p.
16. t. 2. f. 10.

Ettingshausen hält die Sphoerococcites tenuis Ung.
(Reise in Griechenland u. d. jon. Inseln, p. 153. f. 1) und
Confervites bilinicus Ung. (Chloris prot. t. 39. f. 5 u. 6)
für Theile von Phragmites (wahrscheinlich Wurzeln).

Husavik.

Ein nicht gerade gut erhaltener Abdruck eines Blattes
von beträchtlicher Länge stimmt mit dieser Gattung überein. Es ist parallelseitig und von circa einem Dutzend
deutlicher paralleler Längsnerven durchzogen, zwischen
denen sich, wie an einigen Stellen schon mit blossem Auge
zu erkennen ist, 4—6 zarte Zwischennerven befinden. Die
Abbildungen dieser monocotyledonen Pflanzenreste bei
Heer und anderen lassen viel zu wünschen übrig, und ist
die ganze Bestimmung derselben zum grössten Theile eine
sehr unsichere. Da aber dieser Blattabdruck sehr wohl
denen in der Fl. tert. Helv. t. 24. f. 5a und 6 abgebildeten
gleicht, so habe ich ihn in dieser Weise bezeichnet.

Meiner Ansicht nach leidet überhaupt die Bestimmung des bei weitem grössten Theils der monocotylen Pflanzenreste an grosser Unsicherheit.

Ausser diesen vielleicht mit grösserer Sicherheit zu bestimmenden monocotylen Pflanzenresten kommen noch zahlreiche Fragmente von z. Th. gut erhaltenen dicht streifigen parallelen Blattresten, die aber nirgends Anastosmosen zeigen, vor. deren Zusammengehörigkeit mit irgend einer eben den oder bereits beschriebenen fossilen monocotylen Pflanze so zweifelhaft ist. dass ich darauf verzichte. irgend eine nähere Bezeichnung zu geben. Es beweisen diese Reste einfach nur, dass Pflanzen mit parallelnervigen Blättern in der Tertiärzeit Islands existirt haben.

c. Dicotyledonen.
Salicineae.
Salix carians Goepp.

Goeppert, Foss. Fl. von Schossnitz, p. 26. t. 20. f. 1. 2.
Ettingshausen, Foss. Fl. v. Bilin, p. 86. t. 39. f. 17—19, 22, 23.
Heer, Fl. tert. Helv. II. p. 26. t. 65. f. 1, 2, 3. 7—16. III. p. 174. t. 94. f. 20a u. t. 150. f. 1—6.
Heer, Fl. foss. alaskana p. 27. t. 2. f. 5. t. 3. f 1, 2, 3.
Ludwig, Palaeontogr. VIII. p. 92. t. 27. f. 6—12.
Saporta, Etud. III., 2 p. 34.
Ettingshausen, Fl. foss. v. Köflach. p. 15. t. 1.
Gaudin u. Strozzi, Contrib. à la flore foss. italienne, mém. II. 38. t. 3.
Syn. Salix Lavateri Al. Br. in Stitzenb. Verz. p. 78.
Salix Bruchmanni Al. Br. l. c.
Salix trachytica Ettingsh., Foss. Pflanzenreste aus d. trachyt. Sandstein v. Heiligenkreuz b. Kremnitz. t. 2. f. 3.
S. Wimmeriana Goepp. l. c. p. 26. t. 21. f. 1, 2, 3.
S. arcuata Goepp. l. c. p. 25. t. 21. f. 4, 5.
Husavik und Vindfell.

Die Blätter sind von lanzettlicher Gestalt. Der Nervenverlauf ist unverkennbar weidenartig. Der Mittelnerv ist ziemlich stark entwickelt, die Seitennerven sind ebenfalls stark und bogenläufig. Ueber den Rand lässt sich etwas Bestimmtes nicht aussagen, da er infolge der geringen Spaltbarkeit des Gesteinsmaterials nie deutlich hervortritt. Das glänzend schwarze Exemplar von Vindfell ist zwar nur ein Fragment, stimmt aber mit den anderen von Husavik überein, weshalb ich es mit denselben vereinige. Der Abdruck von Vindfell kann zu der von Heer aufgestellten Unterart Salix varians Lavateri Al. Br. gehören. Die etwas besser erhaltenen Exemplare von Husavik ähneln der Salix varians Bruckmanni Al. Br. Das feinere Netzwerk tritt auch hier gar nicht hervor. In der Mitte sind die Blattflächen am breitesten. Die Mittelrippe der Abdrücke von Husavik tritt nicht so stark hervor als bei dem Exemplar von Vindfell.

Ausserdem liegt noch die Mittelpartie eines Weidenblattes vor, welches in seiner Grösse und Form Aehnlichkeit mit Salix denticulata Heer hat. Wegen der unvollständigen Erhaltung des ganzen Abdrucks vermeide ich es aber, dasselbe mit der erwähnten Art zu vereinigen.

Salix macrophylla Heer.

Heer, Fl. tert. Helv. II. p. 29. t. 67.
Heer, Mioc. Fl. u. Island, p. 146. t. 25. f. 4—9. (Fl. foss. arct. 1.
Heer, Fl. foss. alaskana p. 27. t. 2. f. 9.
Husavik.

Die Abdrücke der länglich lanzettlichen Blätter zeigen sehr deutlich die Nervation der Weidenblätter. Das Blatt hat zahlreiche abgekürzte Secundärnerven, welche in fast rechtem Winkel auslaufend und in die steiler aufsteigenden, stark gekrümmten und nach vorn gegen die Spitze des Blattes gerichteten Secundärnerven einmünden, ohne indessen weit längs des Randes zu verlaufen. Es gehen zwei bis vier solcher abgekürzter Secundärnerven in die Hauptfelder, welche durch viele Nervillen abgetheilt sind. Das sehr grosse Blatt ist am Grunde wie gegen die Spitze zu verschmälert. Der Blattstiel ist nicht erhalten. Ob der Rand gezahnt war, ist nicht zu ermitteln, an einigen Stellen glaubte man schwache Zähne zu sehen, die aber zufällig sein können, und wohl in Folge der schlechten Spaltbarkeit des Materials. Die Grösse der Blätter der Salix macrophylla ist sehr variabel. Keines der Blätter ist in der ganzen Länge erhalten. Zwei wohlerhaltene sehr breite Blattreste, Mittelstücke darstellend, lassen auf Blätter über Fusslänge schliessen. Es scheint, dass die Blattfläche in der Mitte am breitesten gewesen ist. Der Mittelnerv ist stark, von dem sehr zahlreiche Secundärnerven ausgehen. An einigen Stellen ist zu beobachten, dass, wie schon Heer sehr richtig bemerkte, die Secundärnerven immer auf der einen Seite, bald ist es die rechte, bald die linke, in einem stumpferen Winkel auslaufen als auf der anderen Seite. Es ist derselbe ein rechter, ja zuweilen ein etwas stumpfer Winkel, während die stark aufsteigenden Nerven in einem Winkel von etwa 50—60⁰ entspringen. Bei der dichten Stellung der Secundärnerven sind die Hauptfelder schmal; in dieselben gehen zwei bis drei und selbst vier abgekürzte Secundärnerven, die den nächst unteren sich zubiegen. Die zahlreichen Nervillen entspringen in spitzen Winkeln aus den Secundärnerven und sind durchlaufend.

Diese Weidenart steht der vorigen Species sehr nahe, wie auch Heer hervorhebt, nur erreichen die Blätter der S. varians nicht diese immense Grösse. Bei der Vergleichung ungefähr gleich grosser Blätter beider Arten zeigten sich die von S. varians schmäler und mehr lanzettlich als die von S. macrophylla. Ferner hat die S. varians nicht die dichtstehenden abgekürzten Secundärnerven und die in spitzen Winkeln von diesen ausgehenden Nervillen, wovon, wie Stur (Beiträge zur Kenntniss der Süsswasserquarze p. 166) sehr richtig bemerkt, die Blattfläche wie durch Linien gestrichelt erscheint, was namentlich bei den kleineren Abdrücken von Husavik ausserordentlich schön und deutlich zu erkennen ist.

Betulaceae.
Alnus Kefersteinii Goepp.

Heer, mioc. balt. Fl. p. 33 u. 67. t. 7. t. 19. f. 1—13. t. 20.

Unger, Chloris protog. p. 115. t. 33. f. 1—4.
Heer, Fl. tert. Helv. II. p. 37. t. 71. f. 6, 7.
Heer, Fl. foss. arct. I. p. 146. t. 25. f. 4—9.
Heer, Fl. foss. alaskana p. 28. t. 3. f. 7, 8.
Gaudin, Contrib. à la Fl. foss. ital. I. p. 30.
Ludwig, Palaeontogr. VIII. p. 97. t. 30. f. 1—5. t.
37. f. 1, 2.
Ettingshausen, Foss. Fl. von Wien. p. 12.
Ettingshausen, Foss. Fl. von Bilin, p. 47. t. 14. f.
17—20.
Sismonda, Matériaux p. 36. t. 12. f. 4. t. 14. f. 3.
Gaudin et Strozzi, mém. sur quelques gisements de
feuilles fossiles de la Toscane p. 30. t. 2. t. 4.
Syn. Alnites Kefersteinii Goeppert nova acta XXIII.
1. p. 364. t. 41. f. 1—19.; Comment. d. flor. stat. foss. p.
21; Genera pl. foss. 3, 4. t. 8.
Alnus Gastaldi Massalongo, Studii palaeont. p. 174.
Alnus cycladum Unger, Fl. von Kumi p. 23. t. 3.
Tröllatunga und Brianslaekr.

Blattabdrücke mit den Merkmalen des Genus Alnus
liegen in zahlreichen Exemplaren mehr oder weniger gut
erhalten vor, und zwar kommen einige den unter dem
Namen Alnus Kefersteinii latifolia von Heer in der mioc.
baltischen Flora beschriebenen nahe. Die fiedernervigen
Blätter sind am Grunde gleichseitig, nicht verschmälert und
nicht herzförmig. Die 8—9 von dem nicht sehr hervortretenden Mittelnerven ausgehenden Seitennerven sind rand-
laufig und nicht gebogen, meistens weit auseinander stehend
und nur an der Basis näher an einanderrückend. Die Seitennerven senden Tertiärnerven aus, besonders die nach
der Spitze zu stehenden. Die Tertiärnerven laufen in die
Zähne aus. Die sich gabelnden, senkrecht auf den Secundärnerven stehenden Nervillen sind durchgehend und treten
deutlich hervor. Der Blattstiel ist weder von bedeutender
Länge noch bedeutendem Durchmesser. Bei sämmtlichen
Blattabdrücken sind die weniger hervortretenden Basalnerven gegenständig, während die übrigen Secundärnerven
alternirend stehen und zwar nach der Spitze zu immer
weiter auseinander. Das Blatt ist gross, breit, kurz eiförmig

und am Grunde zugerundet. Die Spitze ist bei sämmtlichen Blättern nicht erhalten. Das Blatt ist, wie an wenigen Stellen zu beobachten ist, einfach gezahnt und die Zähne ziemlich klein und spitz, wie die von Unger in der Chloris protogaea beschriebenen. Bei den von Heer und Anderen abgebildeten Blättern sind die Zähne auch doppelt. Da indessen bei der lebenden Alnus glutinosa, wie Heer richtig anführt, eine Form mit einfachen Zähnen vorkommt, kann dies noch kein Grund der Trennung sein.

Unter den Blättern von Brianslackr gleichen einige auch den von Heer unter dem Namen Alnus Kefersteinii parvifolia beschriebenen. Diese Blätter ähneln der Betula prisca, nur entspringen die Secundärnerven in weniger spitzen Winkeln und ferner treten die Nervillen deutlich hervor, was bei Betula prisca nicht der Fall ist. Die Blätter sind auch eiförmig und haben jederseits 5—7 Secundärnerven; im übrigen sind sie wie die vorher beschriebenen Erlenblätter gebaut.

Es scheinen manchmal die Blätter an der Basis seicht herzförmig gewesen zu sein, wie dies ja auch bei lebenden Erlen der Fall ist.

In den Schiefern von Brianslackr finden sich auch einige Erlenfrüchtchen, welche mit dem von Heer zu dieser Species gerechneten übereinstimmen. Sie sind eiförmig und mit einer kurzen Spitze versehen. An dem einen Früchtchen verläuft deutlich am Rande eine schmale dunkle Linie, welche darauf hindeutet, dass es einen schmalen Flügel besessen hat, wie dies bei den verwandten lebenden Arten der Fall ist.

Betula macrophylla Heer.

Heer, Fl. foss. arct. I. p. 146. t. 25. f. 11—19.
Syn. Alnus macrophylla, Goeppert, Fl. v. Schossnitz p. 12. t. 5. f. 1.
Betula fraterna, Saporta, Etudes Pl. 6. f. 2 A.
Brianslackr.

Keines der Blätter ist vollständig erhalten. Das Blatt läuft in eine schmale, lange Spitze aus. Die Blattbasis ist bei keinem Exemplar vollständig erhalten, nur einzelne Fragmente lassen eine schwache Ausrandung derselben vermuthen. Die Secundärnerven entspringen unter ziemlich spitzen Winkeln und laufen straff in die Zähne. Das Blatt hat einen ziemlich langen Stiel besessen, der nach unten zu stärker wird. Unterhalb der Mitte scheint das Blatt am breitesten gewesen zu sein. Die Secundärnerven besitzen nach dem Rande zu einige Tertiärnerven, die nach der Basis zu stehenden gewöhnlich mehr. Die Bezahnung ist nur an einem Exemplar gut erhalten. Die Zähne laufen in eine feine Spitze aus, und diese ist nach vorn gekrümmt. Die Zähne sind sämmtlich sehr scharf. In die grösseren derselben laufen die Secundärnerven aus, in die kleineren treten die Tertiärnerven ein. Die Tertiärnerven verbinden geradlinig und geknickt die Secundärnerven. Die feinere Nervatur ist sehr zart und tritt nur an einigen Blattfetzen deutlich hervor. Die Tertiärnerven schliessen ein feinmaschiges Netz von Nervillen ein.

In seiner Zahnbildung ähnelt das Blatt, wie Heer mit Recht betont, den Ulmen.

Betula prisca Ettingshausen.

Ettingshausen, Foss. Fl. d. Tertiärbeckens v. Bilin p. 47. t. 14. f. 14—16.

Ettingshausen, Foss. Fl. v. Wien p. 11. t. 1. f. 17.

Goeppert, Tertiärfl. v. Schlossnitz, p. 11. t. 3. f. 11, 12.

Ettingshausen, Foss. Fl. v. Tokay, p. 194.

Massalongo, Studii sulla Fl. fossile Senogalliense p. 172. t. 36.

Gaudin et Strozzi, Contrib. à la flore foss. ital., mém. 6. p. 12. t. 2. f. 10.

Heer, Fl. foss. arct. I. p. 148. t. 25. f. 20—25, 9a. t. 26. f. 1b, c.

Heer, Mioc. balt. Flora p. 70. t. 18. f. 8—15.

Heer, Fl. foss. alaskana p. 28. t. 5. f. 3—6.

Syn. Carpinus betuloides Unger, Iconographia pl. foss. p. 40. t. 20.

Alnus similis Goepp. Tert. Fl. von Schossnitz, p. 13. t. 14.

Brianslaekr.

Die Blätter sind länglich eiförmig elliptisch, am Grund stumpf zugerundet und zuweilen auch hier etwas breiter als in der Mitte. Es besitzt jederseits 6—8 weit auseinander stehende und unter sehr spitzem Winkel von einem starken Mittelnerv auslaufende Secundärnerven. Die unteren derselben stehen zuweilen opponirt und zeigen mehr Tertiärnerven als die oberen. Bei einem der Abdrücke bilden die Secundärnerven vor der Einmündung in den Mittelnerv einen kleinen Bogen. Der Blattstiel ist an keinem Exemplare deutlich erhalten. Der Blattrand ist doppelt gezähnt. Die Zähne sind scharf und gross. Die am Auslauf der Secundärnerven stehenden Zähne treten schärfer hervor als die am Auslauf der Tertiärnerven. Die feineren Verzweigungen der Nerven sind nicht erhalten.

Cupuliferae.

Corylus Mac Quarrii Forbes.

Heer, Fl. foss. arct. I. p. 104. t. 8. f. 9—12. t. 9. f. 1—8. t. 17. f. 5d. t. 19. f. 7c. p. 138. t. 21. f. 11c t. 22. f. 1—6. t. 23. f. 1, p. 149. t. 26. f. 1a, 2—4. p. 159. t. 31. f. 5.

Heer, Foss. Fl. of North Greenland t. 44. t. 11a. t. 45. f. 6b.

Syn. Alnites (?) M'Quarrii Forbes, Quart. Journ. Geol. Soc. 1851. p. 103.

Alnus pseudo-glutinosa Goepp., Tert. Fl. d. Polargegenden 1861.

Corylus grosse-serrata Heer. Fl. tert. Helv. II. p. 44 t. 73. f. 18, 19.

Brianslaekr und Tröllatunga.

Auf diese Gattung verweisen Bruchstücke mehrerer Blätter, die z. Th. handgross gewesen sind. Die Blätter sind am Grunde herzförmig ausgerandet, was bei jenen von Alnus Kefersteinii latifolia nicht der Fall ist, von denen aber Fragmente dieser Gattung ungemein ähnlich sind. Der Nervenlauf und der bei dem Exemplare von Trölla-

tunga auf eine kurze Strecke erhaltene Blattrand zeigen
Uebereinstimmung mit dieser Corylusart. Das erwähnte
Stück von Tröllatunga hat grosse Aehnlichkeit mit dem
von Heer in der Fl. foss. arct. I. t. 9. f. 3 abgebildeten
Blattfragment. Die Zähne sind spitzig und etwas nach
vorn gebogen. Der mir vorliegende Blattrand besitzt kleine
Zähne von ziemlich gleicher Grösse, während Heer und
Andere auch doppelt und dreifach gezähnte Blätter dieser
Species beschrieben haben. Der Mittelnerv wie die nicht
gegenständigen ziemlich weit auseinanderstehenden Secundärnerven treten stark hervor. Die ziemlich parallelen
Secundärnerven verlaufen unter halbrechtem Winkel nach
dem Rande zu, in dessen Nähe sie auch wenige Tertiärnerven besitzen. Besonders die unteren Secundärnerven
tragen starke Tertiärnerven. Die deutlichen Nervillen entspringen in rechten Winkeln von den Secundärnerven, treten stark hervor und sind meist durchgehend. Sie bilden
gewöhnlich parallele Rippchen, gabeln sich auch bisweilen.
Der Blattstiel ist ziemlich lang und stark. Diese Species
ist verwandt mit der lebenden Corylus Avellana.

Ulmaceae.

Ulmus diptera Steenstrup.

Heer, Fl. foss. arct. I. p. 149. t. 27. f. 1—3.
Brianslaekr.

Es sind sehr grosse Blätter, die wahrscheinlich in der
Mitte am breitesten gewesen sind und nach beiden Enden
sich gleichmässig verschmälert haben. Am Grund ist das
Blatt herzförmig ausgerandet und wenig ungleichseitig.
Der Rand ist mit kleinen, aber scharfen Zähnen besetzt.
Die Zähne, welche am Auslauf der Secundärnerven stehen,
sind kaum merklich grösser als die übrigen. In diesen
kleinen Zähnen weicht dieses Blatt, wie schon Heer bemerkt, bedeutend von den übrigen tertiären wie lebenden
Ulmenarten ab, stimmt aber in den straffen parallelen rand-
läufigen Secundärnerven, deren ungefähr 16 jederseits stehen,
mit denselben überein. Die feineren Verzweigungen der
Nerven sind verwischt.

Vaccineae.

Vaccinium islandicum nov. spec.

Ueber die Zugehörigkeit der drei vorliegenden, schön erhaltenen Blattabdrücke bin ich lange im Zweifel gewesen. Die Blätter sind verschiedenen Abdrücken von Blättern und auch lebenden Blättern ähnlich: am nächsten kommen sie besonders in der Blattform und Bezahnung noch dem von Heer in der Foss. Fl. d. Schweiz III. p. 198. t. 153. f. 44 abgebildeten Blattabdrucke von Vaccinium denticulatum, unterscheiden sich aber dadurch von diesen, dass die Secundärnerven etwas steiler bogenförmig untereinander verbunden, nach der Spitze verlaufen und der von Heer abgebildete Abdruck einen etwas längeren Stiel und etwas mehr Zähne besass. Mit lebenden Vacciniumarten verglichen, zeigten unsere Abdrücke in der Form und dem Nervenverlauf die grösste Aehnlichkeit mit dem nordamerikanischen Vaccinium pensylvanicum mit dem Unterschiede, dass dieses Blatt nicht gezahnt war. Ich habe mir deshalb erlaubt, eine neue Species aufzustellen.

Zwei der Abdrücke sind bis auf einen kleinen Theil der Spitze vollständig und sehr deutlich erhalten (Fig. 1). Es stellt der eine Abdruck den Gegendruck des anderen dar. Das Blatt ist gleichmässig elliptisch und läuft spitz zu. Blattbasis und Blattspitze verlaufen ganz gleich. Die stärkere Nervatur ist ausgezeichnet erhalten. Von dem starken Mittelnerv gehen nicht sehr zahlreich, alternirend unter spitzem Winkel, gegen den Blattrand im Bogen verlaufend, mit camptodromer, bisweilen auch hyphodromer Verbindung Secundärnerven aus. Mit blossem Auge, noch besser aber mit der Lupe, erkennt man, dass das Blatt sehr kleine, entfernt stehende Zähnchen besitzt, welche spitzeinwärts dem Blattrande zugebogen sind (Fig. 3). In diese Zähne treten keine Nerven ein. Das Blatt ist sehr kurz gestielt gewesen. Die geraden und geknickten Tertiärnerven verbinden die Secundärnerven, zwischen denen ein enges polygonales Maschennetz sich an mehreren Stellen deutlich zeigt.

In der Sammlung befindet sich noch die untere Hälfte eines grösseren gut erhaltenen Blattes (Fig. 2). Dasselbe kann

zu dieser Art gehört haben, da es in der Form der Blattbasis,
im Nervenverlauf und in der Bezahnung mit demselben
übereinstimmt. Ich stelle es daher mit zu dieser Art.

Das von Heer aus Island unter dem Namen Phyllites
vaccinoides abgebildete Blattfragment hat mit diesen Abdrücken nichts gemein. Dass Blatt kann ungefähr dieselbe
Grösse gehabt haben, ist aber von dieser Species durch
Gestalt und Nervenverlauf verschieden. Es ist länglich-
oval, gezahnt, wie das hier beschriebene, nur etwas dichter
und grösser und mit ziemlich dichtstehenden in sehr spitzen

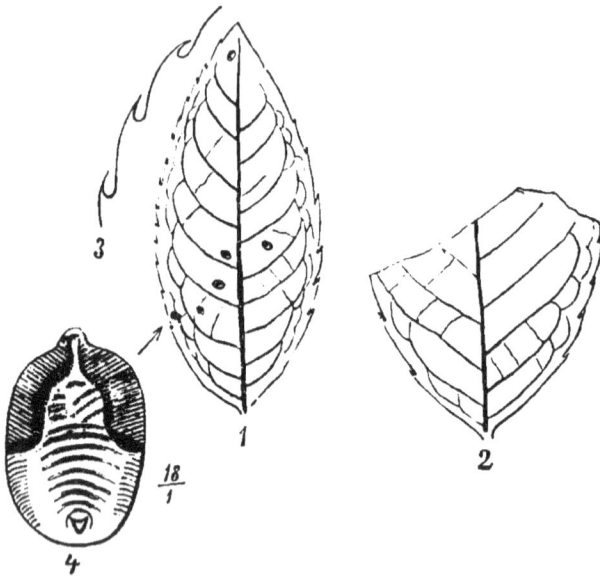

Winkeln entspringenden, nach der Spitze gerichteten, bo-
genläufigen Secundärnerven ausgestattet.

Anmerkung. Auf der Oberfläche der zuerst genannten Blattabdrücke befinden sich mehrere ovale circa 2 mm
lange Abdrücke, von denen einer ziemlich gut erhalten ist.
Er besitzt nach der einen stark gekrümmten Seite zu eine
kleine abgerundete Spitze. Bei achtzehnfacher Vergrösserung
betrachtet (Fig. 4), erhebt sich von der Mitte des ovalen Abdrucks aus ein feingestreifter Schild, der die Gestalt eines
lateinischen U besitzt. Der von dem Schild in der Mitte
des Abdrucks übrig gelassene Theil lässt undeutlich eine
Segmentirung erkennen. Der untere Theil des Abdruckes

dagegen ist deutlich segmentirt, zeigt am Ende eine um-
randete dreieckige Zeichnung und eine feine Streifung nach
dem Rande zu. Hiernach hat der Abdruck die grösste
Aehnlichkeit mit dem einer weiblichen Schildlaus. Der mit
der Spitze versehene Theil scheint der Kopftheil zu sein,
und die dreieckige Zeichnung ist der Abdruck des Afters.
Es ist anzunehmen, dass dieses fossile Insekt eine ziemlich
feste Chitinhülle besessen haben muss, denn sonst wäre es
nicht möglich, dass von dem Thiere ein derartiger Abdruck zurückbleiben konnte. Zu Aspiodus kann daher
diese Schildlaus nicht gehört haben, weil dieser sehr weich
und kleiner ist. Der Grösse nach kommt sie Lecanium-
arten nahe. Eine nähere Bestimmung war nicht möglich.
Auch sachverständige Herren konnten mir nur mittheilen,
dass dieser Insektenabdruck einer weiblichen Schildlaus
angehört habe.

Es ist sehr wahrscheinlich, dass die Abdrücke fossiler
Schildläuse den Bearbeitern fossiler Pflanzenreste entgangen
und vielleicht manchmal als Pilze, Gallen etc. gedeutet
worden sind. Besonders möglich wird dies sein, wenn die
Abdrücke nicht gut erhalten sind, was ja bei diesen z. Th.
sehr weichen Insekten oft der Fall sein wird, oder wenn
die Kohle noch darauf sitzt. In dieser Ansicht wurde ich
bestärkt durch den Gegendruck des Blattes, auf dem sich
diese Abdrücke auch finden. Sie zeigen sich hier als
schwarze ovale Flecken, die man als von Pilzen herrührend
betrachten könnte.

Laurineae.
Laurus princeps Heer.

(= Persea princeps Heer, Schimper, Traité de paléont. végét. II. p. 831).

Heer, Fl. tert. Helv. II. p. 77. t. 89. f. 16, 17; t. 90
f. 17—20.

Ludwig, Palaeontogr. VIII. p. 107. t. 90. f. 6, 7, 8.
t. 151. f. 16.

Gaudin et Strozzi, Feuill. foss. de la Toscane p.
36. t. 10. f. 2; id. Contr. II. p. 48. t. 7. f. 2, 3; t. 8. f. 4.

Sismonda, Matér. p. 50. t. 70. f. 10, 11.

Ettingshausen, Foss. Fl. v. Bilin. p. 193; Wetterau
p. 43.
Saporta, Études III. p. 76.
Syn. Laurus primigenia O. Weber. Palaeontogr. II. t.
20. f. 6a.
Laurus eminens Saporta, Exam. anal. p. 45.
Husavik und Brianslaekr.

Es liegen mir mehrere mehr oder weniger gut erhaltene Blattfragmente vor, die ich sämmtlich zu einer Art
rechne. Die Abdrücke aus den dünnblättrigen Schiefern
von Brianslaekr sind grauweiss, während die Blätter von
Tröllatunga schwarz bis schwarzgrün, z. Th. auch hellbraun
sind, wo die verkohlte Blattsubstanz fehlt. Die Blätter
müssen nach der darauf sitzenden Kohleschicht ziemlich
dick und lederartig gewesen sein.
Keines der Exemplare zeigt die Spitze erhalten. Das
Blatt scheint, wie man aus einzelnen Stücken schliessen
kann, die Grösse eines Fusses und noch mehr erreicht zu
haben. Die einzelnen Blattreste weisen auf eine grosse
Variabilität der Blätter der Grösse nach hin. Die Basis
hat sich nach dem Grunde zu verschmälert, oft ziemlich
spitz. In der Mitte scheint das Blatt am breitesten gewesen
zu sein. Die lanzettlichen Blätter müssen 5—6 Mal länger
als die grösste Breite in der Mitte gewesen sein. Die Mittelrippe ist stark und gegen die Blattspitze allmählich dünner
werdend. Der Blattstiel ist dick und nicht sehr klein (3
bis 4 cm). Von der Mittelrippe entspringen nicht gerade
zahlreich, nicht stark entwickelte, oft nur zarte, alternirende
und entfernt stehende Secundärnerven, welche in der Mitte
des Blattes in ungefähr halbrechten Winkeln auslaufen und
sich nach dem Rande zu gabeln. Nach der Basis zu entspringen die Secundärnerven unter spitzeren Winkeln. Bei
den Blättern ohne Kohleschicht sind die Secundärnerven
nur zart angezeigt und verlieren sich in dem feinen poly-
gonen Maschennetz. In der Mitte sind die Blätter ein Stück
weit ziemlich gleich breit und nach vorn verschmälert.
Der Blattrand scheint theils eine regelmässige Bogenlinie
vom Grund bis zur Spitze gebildet zu haben, theils scheint
er auch schwach gewellt zu sein. Das Blatt ist ganzrandig.

Die Blattabdrücke ohne Kohleschicht zeigen das feine polygonale Maschennetz sehr deutlich, während die dunkelgefärbten dasselbe nur undeutlich erkennen lassen. Die kleineren Blättern angehörenden Fragmente gleichen in vieler Beziehung der Laurus primigenia Unger, welche Species dem Laurus princeps sehr nahe steht, und namentlich wenn kleinere Blätter vorliegen, von dem L. princeps nicht zu unterscheiden ist.

Es kommen bei der Bestimmung die Gattungen Quercus, Ficus und Laurus in Betracht. Das Blatt von Quercus neriifolia Heer, welches genau dieselbe Form hat, unterscheidet sich, wie ich mich an Originalexemplaren überzeugen konnte, durch die nicht lederähnliche Beschaffenheit, die in weniger spitzen Winkeln entspringenden und stärkeren Secundärnerven, das weniger hervortretende feine Netzwerk, den etwas dickeren Mittelnerv und etwas stärkeren Stiel. Am meisten ähnelt es noch der Ficus lanceolata Heer, von der es nur durch das feinere Netzwerk verschieden ist.

Neben einem Blattfragmente liegt ein brauner Abdruck, der Aehnlichkeit mit einer Lorbeerfrucht hat und den von Heer abgebildeten Früchten von Laurus princeps gleicht. Dieser Umstand hat mit Veranlassung gegeben, diese Blattabdrücke zu Laurus zu stellen. Die 2—3 cm grosse Frucht ist nach dem Grunde zu verschmälert, nach vorn zugerundet und in eine wenig hervortretende Spitze auslaufend.

Caprifoliaceae.
Viburnum Nordensköldii Heer.

Heer, Beiträge z. foss. Fl. Spitzbergens, Fl. foss. arct. IV. p. 77. t. 15 f. 5 a t. 18. f. 7. t. 23. f. 4 b. t. 29. f. 5. Heer, Fl. foss. alaskana (Fl. foss. arct. II) p. 36. t. 3. f. 13.

Heer, Fl. foss. arct. V. p. 36. t. 4. f. 4 d t. 7. f. 5 bis 7; VI. p. 15. t. I. f. 8. (Foss. Fl. v. Nord-Canada)

Heer, Fl. foss. arct. VII. p. 115. t. 92. f. 11. t. 96. f. 2.

Brianslackr.

Diese Pflanze ist durch mehrere unvollständige Blattabdrücke vertreten, die niemals die Spitze erhalten zeigen. Das Blatt scheint eine kurze eiförmige Gestalt gehabt zu haben. Die Blätter sind am Grunde tief herzförmig ausgerandet. Die an der Basis sich befindenden runden Blattlappen sind so stark entwickelt, dass sie sich im Abdruck übereinander gelegt haben. Am Blattgrund entspringen fast gegenständig zwei Secundärnerven in fast rechten Winkeln, die schon am Grund einen starken Ast aussenden. Die nächstfolgenden weitauseinander stehenden Secundärnerven sind auch fast gegenständig, schwach nach vorn gerichtet, gekrümmt und vorn nach dem Rande Tertiärnerven aussendend. Die ersten Secundärnerven am Blattgrunde senden lange Tertiärnerven aus nach den ziemlich stumpfen Zähnen, die folgenden Secundärnerven erst nach dem Rande zu. Die Nervillen treten an dem einen Stücke deutlich hervor, sind ziemlich parallel, theils durchgehend, theils verästelt und nicht sehr zahlreich. Der Rand ist, so weit er erhalten, gleichmässig mit nicht gar kleinen stumpfen, etwas nach vorn gebogenen Zähnen besetzt. Unsere Abdrücke, namentlich der kleinere, ähneln ungemein den von Spitzbergen in der Fl. foss. arct. IV. t. 15. f. 5a und t. 23. f. 4b abgebildeten.

Acerineae.

Anmerkung. Bei der Bestimmung der Acer-Blätter hat mir besonders die ausgezeichnete Arbeit von Dr. Ferd. Pax „Monographie der Gattung Acer" (Botan. Jahrbücher für Systematik, Pflanzengesch. u. Pflanzengeogr. v. A. Engler 1885 Bd. 6. p. 287—374) zur Richtschnur gedient. Er hat in dieser Schrift auch die fossilen Acer-Arten einer sehr eingehenden und genauen Revision unterworfen und gefunden, dass 48 fossile Acer-Arten gar keine Acer-Blätter sind, nicht zu gedenken der grossen Anzahl von Synonymen.

Acer crenatifolium Ettingshausen.

Ettingshausen, Foss. Fl. v. Bilin, t. 45. f. 1 u. 4 (auch Denkschr. d. k. Akad. d. Wiss. mathem.-naturw. Kl. XXVII. p. 20).

Velenovsky, Foss. Fl. v. Vršovic p. 38. t. 7. f. 4; t.
9. f. 3, 5.
Syn. A. otopteryx Goeppert, Palaeontographica II. p.
279. t. 38. f. 4. u. Heer, Fl. tert. Helv. III. p. 199. t. 155
f. 15. u. Fl. foss. arct: I. p. 122. t. 50. f. 10, p. 152. t. 28
f. 4, 5, 7, 8; mioc. balt. Fl. p. 93 t. 29. f. 1—4. 16.
A. triangulilobum Goeppert, Foss. Fl. v. Schossnitz p.
35. t. 23. f. 6.
Brianslaekr, Husavik u. Tröllatunga.
Von diesem Baume liegen mir eine grosse Anzahl Blattabdrücke vor, die z. Th., namentlich die von Tröllatunga,
sehr schön erhalten sind, leider aber kein Blatt ganz vollständig. Die Heer'schen Exemplare sind z. Th. sehr unvollständig erhalten. Die abgebildeten Fetzen können zwar
zu dieser Species gehören, aber bei der Unvollständigkeit
dieser Fragmente verzichte ich darauf, sie mit den besser
erhaltenen Resten zu vergleichen. Wenn auch von den
mir zu Gebote stehenden Blattresten keiner ganz vollständig
ist, so sind sie doch so erhalten, dass über die Zusammengehörigkeit der meisten Exemplare kein Zweifel sein kann,
und man sich ein genaues Bild des Blattes aus den einzelnen Resten verschaffen kann.
Die Blätter variiren wohl sehr in der Grösse, wenig
dagegen in der Form. Sie alle stimmen darin überein, dass
sie an der Basis herzförmig ausgerandet sind, drei Lappen
besitzen und diese Lappen gezahnt sind. Ein durch seine
geringe Grösse ausgezeichnetes Blatt, welches sonst mit den
übrigen grösseren übereinstimmt, stammt ohne Zweifel von
einer Zweigspitze; es ist ein junges, noch nicht ausgebildetes
Blatt. Dieses Blättchen gleicht dem, welches Heer auf t.
28. f. 5 in Fl. foss. arct. I. beschreibt, nur unterscheidet
es sich von diesem, dass es neben den drei starken Haupt-
nerven noch zwei schwache, kurze am Blattgrunde zeigt
wie die grösseren Blätter t. 28. f. 2 u. 6. Die Blätter haben
also im Ganzen 5 Nerven, welche wie die Heer'schen
Blattabdrücke von Island handnervig sind. Die untersten
schwachen Nerven sind verästelt, was Heer bei seinen
Blattabdrücken nicht bemerken konnte. Auch bei den
grossen Blättern, bei denen ebenfalls der Mittellappen etwas

mehr hervortritt, zeigen sich diese schwachen Basalnerven, die in einen grossen Zahn münden. Die Secundär- wie Tertiärnerven entspringen unter spitzen Winkeln und sind etwas gebogen. Die Zähne sind verschieden gross und etwas nach vorn gebogen; in dieselben laufen die Secundär- und Tertiärnerven, von denen die stärkeren Secundärnerven in grössere Zähne einmünden. Die Nerven, welche gegen die Zähne laufen, biegen sich da um, wo sie in die Zähne eintreten und bilden einen kleinen Bogen, der mit dem oberen sich verbindet. Die Nervillen sind verästelt. Das feinere Netzwerk ist sehr wohlerhalten und ganz ahornartig.

Auf einem der Stücke befindet sich der Flügelfetzen einer Ahornfrucht, durchzogen von zahlreichen gabelig getheilten nach dem Rand verlaufenden Längsnerven. Der Fruchtkörper ist nicht erhalten. Man darf wohl dieses Fragment zu dieser Species rechnen, da es in der Nähe eines Blattes liegt. Dieser Flügel lässt auf Früchte von der Grösse wie sie Heer auf t. 28 f. 11—13 der Fl. foss. arct. I. abgebildet hat, schliessen.

Ueberall, wo man bis jetzt auf Island fossile Pflanzen gefunden hat, waren auch diese Ahornblätter vertreten. Heer bemerkt daher sehr richtig, dass dieser Ahorn der verbreitetste Baum in der Tertiärzeit Islands mitgewesen zu sein scheint.

Acer crassinercium Ettingshausen.

Ettingshausen, Foss. Fl. v. Bilin, p. 22. t. 45. f. 8 bis 16 (auch Denkschr. d. kais. Akad. der Wissensch. mathem.-naturw. Kl. XXVII.

Syn. Acer integrilobum Weber, Palaeontographica II, p. 196. t. 22. f. 5.

A. oligodonta Heer, Mioc. balt. Fl. p. 93. t. 29. f. 5,6.

A. pseudo-campestre Unger, Chloris protog. p. 133. t. 43. f. 6.

A. pseudo-monspessulanum Unger, Chl. protog. t. 42. t. 5., t. 43. f. 1.

A. ribifolium Goep., Foss. Fl. v. Schossnitz p. 34. t. 22. f. 18, 19.

A. sextianum Saporta, Ann. d. sc. nat. 5. sér. t. 18.,
p. 92. t. 13. f. 7.

A. triaenum Massalongo, Studii s. fl. foss. e geologia
p. 330. t. 15—16. f. 6. t. 20. f. 2. t. 28. f. 6.

Platanus cuneifolia Göppert, Foss. Fl. v. Schossnitz
t. 12. f. 1.

Husavik.

Zu dieser Species gehören zwei ziemlich vollständig
und gut erhaltene Blattabdrücke. Das ganzrandige Blatt
ist am Grunde stark ausgerandet, besitzt drei starke Haupt-
nerven und überdies noch zwei zarte am Blattgrunde. Die
drei Lappen, von denen der Mittellappen nur wenig länger
als die Seitenlappen ist, laufen vorn in eine Spitze aus.
Der Rand ist etwas wellig gebogen. Die Secundärnerven
sind nach dem Rande zu etwas gebogen. Die Tertiärnerven sind weniger gut erhalten.

Juglandeac.

Juglans bilinica Unger.

Unger, Gen. et. Spec. p. 469; Blätterabdr. v. Swoszowice
p. 6. t. 14. f. 20; Gleichenb. t. 6. f. 1.

Heer, Fl. tert. Helv. III. p. 90. t. 130. f. 5—9; Fl.
foss. p. 153. t. 28. f. 14—17.

Sismonda, Mém. p. 65. t. 29. f. 9.

Saporta, Etudes II. p. 347.

Syn. Juglans deformis Ung., Swoszowice p. 6. t. 14. f. 19?

Pterocarya Haidingeri. Ettingsh., Foss Fl. v. Wien
p. 24. t. 5. f. 4.

Carya bilinica Ettingsh., Foss. Fl. v. Tokay p. 35.
t. 3. f. 6.

Prunus paradisiaca Ung., Swoszowice, p. 7. t. 14. f. 22.

Prunus juglandiformis Ung., Sotzka, t. 34. f. 17.

Brianslaekr.

Zwei sehr unvollständig erhaltene Blattfragmente
haben Aehnlichkeit mit der von Heer aus Island abgebildeten Juglans bilinica. Ich vermeide es aber, dies sicher
auszusprechen, weil die Exemplare von Heer und Ettingshausen auch unvollständig erhalten sind. Die Möglich-

keit, dass es Carya- oder Juglansblätter sein können, kann ich nicht bestreiten. Die Blattfetzen haben einem länglich-ovalen Blatte angehört. Vom Blattrande ist nur ein kleiner Theil nicht deutlich erhalten. Der Rand zeigt kleine spitze Zähne. Der Mittelnerv tritt deutlich hervor und ist nicht stark. Die fast gegenständigen Secundärnerven gehen unter einem Winkel von 60⁰ bogenförmig nach dem Rande zu, wo sie sich gabeln und unter einander camptodrom verbinden. Die Bogen stehen etwas vom Rande entfernt. Die Tertiärnerven sind zumeist gut erhalten, während dagegen das zartere Netzwerk nur undeutlich hervortritt. Das Blatt scheint nicht stark gewesen zu sein.

Am Schlusse dieser Abhandlung sei es mir gestattet, meinem hochverehrten Herrn Lehrer, Herrn Geheimrath Prof. Dr. Schenk, meinen herzlichsten Dank auszusprechen für die freundliche Unterstützung und reiche Anregung, welche er mir bei Durchführung dieser Arbeit in reichlichstem Masse zu Theil werden liess.

Vita.

Ich, Paul Max Windisch, bin geboren am 16. December 1859 zu Borna bei Leipzig und bin der Sohn des verstorbenen Amtsgerichtscassencontroleurs Friedr. August Windisch zu Leipzig. Nachdem ich die Bürgerschule Abtheilung A meiner Vaterstadt vom 6. bis 13. Jahre besucht hatte, wurde ich Ostern 1873 in die Quarta der städtischen Realschule I. O. zu Borna aufgenommen, in welcher Anstalt ich bis Ostern 1876 verblieb. Von 1876 bis 1877 war ich Schüler der Königlichen Realschule I. O. zu Döbeln. Infolge der Versetzung meines Vaters von Borna nach Leipzig siedelte ich 1877 auch hierhin über, um die städtische Realschule I. O. zu besuchen. Ostern 1880 bestand ich hier das Maturitätsexamen. Hierauf bezog ich die Universität Leipzig, um mich dem Studium der Naturwissenschaften zu widmen. Im Wintersemester 1884/85 unterzog ich mich der Staatsprüfung für das höhere Schulamt innerhalb der naturhistorisch-chemischen Abtheilung der mathematisch-naturwissenschaftlichen Section. Darauf wurde ich vom Königl. Sächsischen Ministerium des Cultus und öffentlichen Unterrichts als Probandus an das Thomasgymnasium in Leipzig gewiesen. Vom 1. Mai 1886 an hat mich der Rath der Stadt Leipzig als Lehrer an der zweiten Bürgerschule angestellt.

Während meiner Studienzeit hörte ich die Vorlesungen der Herren Professoren: Dr. Carstanjen, Dr. Credner, Dr. Hankel, Dr. Hofmann, Dr. Klein, Dr. Kolbe, Dr. Leuckart, Dr. von der Mühll, Dr. Sachsse, Dr. Schenk, Dr. Wiede-

mann, Dr. Wundt und Dr. Zirkel. Ausserdem arbeitete 1. '
in den chemischen Laboratorien des Herrn Geheimrath Pro
Dr. Wiedemann und des Herrn Prof. Dr. Knop, im botanischen Institut bei Herrn Geheimrath Prof. Dr. Schenk
und im mineralogischen Institut bei Herrn Geh. Bergrath
Prof. Dr. Zirkel.

www.ingramcontent.com/pod-product-compliance
Lightning Source LLC
Chambersburg PA
CBHW022040080426
42733CB00007B/920